산불항공 진화론

배택훈 저

화수목

Preface
머리말

국토의 64%가 산림이며 산림녹화 정책의 성공적인 시행과 산림 내 가연 물질의 증가 등으로 인하여 산불이 발생하면 대형 산불로 확산되어 인력접근이 제한되므로 항공기에 의한 산불 진화율이 80% 이상을 차지한다.

우리나라는 미국 등 외국의 선진항공진화에 비하여 뒤늦게 항공진화를 하였지만 1996년 고성산불, 2000년 동해안 대형산불, 2002년 청양·예산 산불, 2005년 낙산사를 전소시킨 양양산불 그리고 최근 2022년 울진 대형산불, 밀양 산불 등에서 항공기는 산불진화를 주도적으로 수행하였다.

산불은 사전에 예방하는 것도 중요하지만 산불이 발생했을 경우에 초기에 대응하는 것이 매우 중요하다. 항공기는 소형산불에서 대형산불에 이르기까지 확산되는 산불에 대한 신속한 초동진화가 가능하며, 인력접근이 곤란하고 숲이 울창한 지역은 진화의 효과가 매우 큼으로서 산불로 인한 인명 및 재산 피해방지와 산림의 손실을 최소화 할 수 있다.

본 저서는 저자가 30년간 산불현장에서 항공기로 산불을 진화한 경험과 국내·외 연구 기반으로 발간한 것이다.

본 저서가 산림청, 소방청, 민간, 군 조종사의 항공진화 효과성 및 효율성을 향상하고 항공기의 안전성을 높이는데 기여함은 물론, 산불 및 운항관련 대학의 학부, 대학원생들의 학습 동기부여와 현장의 상황을 이해하는데 보탬이 되고 산불관련 기관의 정책수립 및 업무수행에 도움이 되기를 기대한다.

저 자 드림

CHAPTER

1 항공진화의 발전

CHAPTER

2 미국의 산불항공진화

Contents
목 차

CHAPTER
5 야간항공진화

CHAPTER
6 미래의 항공진화

Contents

목 차

부록

CHAPTER

1 항공진화의 발전

CHAPTER

1 항공진화의 발전

1.1 항공진화의 개념

산불진화의 기본원리는 산불의 3가지 요소 중에 1~2개를 신속하고 효율적인 방법으로 진화하는 것이므로 항공기는 인력이 접근하기 어려운 지역, 화세가 급격히 성장하여 빠르게 확산될 경우, 광범위한 지역 등에 신속하게 이동하여 물, 폼(foam), 젤(gel), 지연제(retardant)를 산불지역에 공중투하 하여 화세를 약화시켜 초기진화를 하며 항공기는 고정익(비행기)과 회전익(헬리콥터, 헬기)이 있다.

고정익의 기체하부에 물탱크(velly tank)를 부착한 항공기를 미국은 에어탱크(air tanker)라고 하며 캐나다는 워터범버(water bomber)라고 호칭한다. 고정익은 물탱크에 물 등을 탑재시 지상에서 소방호스를 이용하거나 수상비행하면서 담수(skimming water, scooping)하는 수륙양용 탑재기능을 수행한다.

헬기는 기체하부에 물탱크를 부착한 항공기를 헬리탱크(heli tanker)라고 하며 스노클시스템(snorkel system)으로 물을 끌어올려 탱크에 탑재하거나 바켓을 사용하여 담수하여 산불지역에 투하한다. 가장 일반적인 바켓은 밤비바켓(bumbi bucket)이며 담수는 호수, 강, 저수지, 간이식 이동탱크 등에서 담수한다.

미국의 에릭슨사는 바닷물을 탑재할 때 헬기에도 고정익과 같이 물위에서 비행하면서 담수하는 시스노클 시스템(sea snorkel system)을 개발하였다.

이렇듯 시스템을 장착하여 항공기는 공중에서 산불을 진압하는 효과를 갖는다. 그러나 고가의 진화장비이므로 정확하게 사용되어야 한다. 따라서 항공기를 출동시키는 책임자는 항공기의 전략적, 경제적 사용개념으로 최소의 손실과 최소의 비용으로 산불을 신속히 통제 할 수 있어야 한다.

항공기로 진화하면서 지상진화대원에 의한 후속 진화작업이 연속하여 이루어져야 진화의 효과성을 극대화 할 수 있다. 또한 항공기는 공중진화요원을 운송한다. 잘 훈련된 인력으로 구성된 스모크점퍼(smoke jumper), 헬리텍(helitack), 레퍼텍(rapattack)이 있으며. 스모크 점퍼는 고정익 항공기에 탑승시켜 산불지역에 투하하고, 헬리텍은 헬기에 탑승하여 산불지역에 이동하며 레퍼텍은 레펠로 하강하여 산불을 진압하는 임무를 수행한다. 이렇듯 항공기는 운송수단 뿐 아니라 단기간에 산불을 대규모로 제압하는 유일한 장비이다.

1.2 항공진화의 역사

세계적으로 경제의 변화와 기술의 발전으로 많은 국가들이 그들의 자연자원을 보존 및 보호하는 것이 필요한 것으로 경각심을 가지게 되었다. 많은 국가는 이 경고를 심각하게 생각하여 산림보호와 야생동물의 서식지, 어장을 보호하는 것을 중요하게 생각한다. 그리고 목재의 사용은 건축과 가구를 만들고 수출을 하기도 한다. 또한 관광지와 휴양지에 시설을 만드는데 사용한다.

산림의 존재를 위협하는 두 요소는 산불과 병해충이다. 온도가 높은 지역에서 산불과 병해충이 많이 발생한다. 산림의 환경적, 생태적, 경제적 중요성이 빠르게 증가하고 있다. 그 주안점은 지속적으로 산림손실을 방지하는 목표를 갖는 것이다. 이에 따르면 산림보호의 새롭고 발전된 방법은 최우선의 산림보호장비로서 항공기의 개발이 가장 중요한 방법으로 생각하게 되었다. 항공기는 운송수단 뿐만 아니라 단시간에 산불을 대규모로 제압하는 유일한 장비이다. 그리고 병해충이 만연하는 넓은 지역에 방제를 하기도 한다.

산불은 길이 없는 지형과 울창한 숲을 지난다. 장비를 지닌 지상진화대원에 제압되지 않고 쉽고 빠르게 확산되어 숲의 장애물을 넘어 산 정상으로 진행한다. 대형산불의 이동과 행태의 지속적인 정보를 파악하는 어려움이 있고 무거운 장비를 이동할 필요가 있다. 항공기는 이 문제를 가능하게 해결할 것으로 권장하게 되었다.

미국에서 1919년부터 산불통제자의 관심을 끌었다. 이 해에 최초로 군비행기가 산불순찰에 사용되고 산불공중탐지가 논의 되었다. 항공기에 의한 산불진화 방법은 그 후에 점차 개발 되었다.

1.2.1 에어탱크 공중진화

공중진화의 역사는 미국과 캐나다에서 시작이 되었으므로 그 근거는 미국과 캐나다에서 찾아야 한다. 미국은 지상기지에서 최초의 선도자이었고 호수가 많은 캐나다는 해양비행기(sea plane)와 스쿠핑의 방법으로 시작하였다. 특히, 미국의 공중진화 역사는 미국에서 산불이 가장 많이 발생하는 C.A(캘리포니아)의 역사로 갈음할 수 있다.

〈초기〉

- 미국 산림청(USDA Forest Services)은 1919년 1차 세계대전에서 사용하였던 Curtiss JN-40과 Havilland GH-4B 고정익 항공기로 최초 산불탐지순찰(ditection patrols)을 하여 C.A에서 멕시코 국경까지 550건의 산불을 탐지 하였다.
- 동년 캐나다 퀘벡시 국토산림보호국이 운영 중인 마리스벨리 (Marisve-lly)보호협회의 HS2L 고정익 항공기 2대로 산불을 탐지 하였다.
- 미국에서 산불공중진화의 시도는 1931년 C.A산림국에서 고정익 에어탱크 사용을 최초로 제안하였다.
- 러시아는 1934년, 캐나다는 1937년, 호주는 1940년, 뉴질랜드는 1956년부터 시작하였다.
- 1937년 해군 최초의 훈련기 Navy N3N(Yellow Peril)를 C.A 세크라멘트의 '제이슨플라잉서비스' 회사가 화학제 살포 항공기(borate bombing)로 개조하여 산림청과 최초로 계약하여 운용하였다.
- 미군에서 1934년~1940년에 기본훈련기로 사용한 Stearman NS Kaydet 항공기를 화학제 살포 항공기로 개조하여 C.A에서 최초 '에어탱크 항공단' 5대를 편성하였다.
- 동시에 1939년 스모크점퍼 프로그램을 시작하여 1940년 Earl Cooley 과 Rufus Robinson이 네쯔펄스 국유림에서 처음 스모크점퍼를 실시하였다.
- 1947년 공군과 산림청은 2대의 항공기로 네이팜탄과 비슷하게 제작한 물 폭탄을 만들어 시험을 하였다.
- 1950년에 캐나다는 19L물백 8개씩을 Beaber 항공기 카메라 승강구를 통하여 투하하는 실험을 하였다[그림 1-1, 1-2].

[그림 1-1] 워터백 준비

(출처:Forest Fire Control and Use, Arthur A.Brown, Kennrth P.Davis,1973)

[그림 1-2] 워터백 항공기 투하
(출처:The Scoop on Waters Bomber,North Aviation Conference, 2011)

최초의 해양비행기 공중진화 시스템은 1944년 캐나다 온타리오 '프로덴셜에어서비스'(OPAS) 사가 개발하여 1945년 8월 26일 산불진화에 최초로 사용하였으나 1950년에 폐기하였다.

〈물탱크 개발〉

- 1957년에 300L 용량의 탱크 2개를 Otter 항공기의 양쪽 부유장치(float)에 각각 장착하여 사용하였다.

[그림 1-3] 쌍부유 탱크
(출처:Fire Management Note.Vol 58 No,Fall, USDA Forest Service, 1998)

이후 '중심탱크개념'(center tank concept)으로 탱크를 동체 중심에 장착하는 탱크를 개발하여 470L를 탑재하였으며 이 시스템은 오늘날까지 사용하며 많은 용량의 CL215, CL415 등의 스쿠핑 에어탱크로 발전되었다.

[그림 1-4] 중심 탱크
(출처:Fire Management Note. Vol 58 No,Fall, USDA Forest Service, 1998)

탱크를 중심탱크 개념으로 1950년대부터 미국과 캐나다, 유럽에서 항공기에 물탱크를 장착한 실험 및 평가를 시작하였다.

- 1950년대 활발한 물탱크 실험의 시작과 더불어 산불진화의 효과성이 증대하여 산림청과 C.A산림국은 AF-2S 항공기와 계약하였다.
- 1954년에서 1957년까지 소형 스프레이 항공기 및 2차대전시 사용한 TBM Avenger와 1955년에 C.A의 '윌로우 후라잉 서비스'가 개발한 570L 용량의 PT-17 Stearman 에어탱크를 산불진화에 사용하였다.

〈항공기 기종의 다양화 및 체계화〉

- 1958년 C.A산림국은 N3N 3대, PT-17 Stearman 4대, TBM Avenger 4대를 계약하였고, 이후 Twen Beech, B-17, PBY, F7F 기종으로 확장하였다.
- 1960년대 운용한 항공기는 AJ-1S, F7F, PBY, B-25, A-26(S), PB4Y-2, JRM-3Mars, CL-215, TBM, C-130 등이며 탱크시스템이 발전되고 새로운 방법, 전략, 정책 등 효율적인 업무의 변화가 시작되어 산불진화 역사의 자리매김을 하였다.
- 1970년대에 보다 발전되어 에어탱크운영협회(ATB:Air Tanker Board)를 설립하여 항공기와 탱크도어 시스템의 감항성을 평가하였다.
- C.A산림국은 TBM 14대, F7F 4대, PBY 1대, B-17 1대로 C.A 산림항공대를 편성하였고 P-2V Nepture, C-119, O2, S-2A, DC-4, DC-6, DC-7 등 새로운 항공기의 운용과 함께 사고로 인하여 기존의 PB4Y-2 등의 기종을 도태시켰으며, 1974년 5개의 회사(에어로유니언, 시스큐플라잉서비스, TBM사, 헤밋밸리플라잉서비스, 베이에비에

이션서비스사)와 계약하여 17대를 1975년 산불시기에 운용하였다.

- 1977년에 에어탱크운영협회는 헌장을 개정하여 내무부, 항공서비스기관, 주산림협회를 새 회원으로 하여 명칭을 IATB(Interagency Air Tanker Board)로 변경하고 항공기와 탱크의 평가, 에어탱크 운반시스템 향상, 정보제공, 안전성 가이드라인 설정 등 업무를 확장하였다. 공중진화에 안전하고 효과적으로 대응하는 항공기 성능향상은 인식 및 조직의 변화를 가져오며 C.A는 연방정부와 외국으로부터 공중진화기술의 지도자로 인정을 받았다.
- 1980년대 지연제나 물의 유출량을 측정하여 지연제 운용효과 프로그램 시행과 탱크성능 표준개발 및 투하예측 표본추출 모델을 개발하고 1984년~1988년 Fairchild C-123 에어탱크를 계약하였고 동시에 1987년 '마시에비에이션사'와 S-2T 에어탱크 성능을 향상하였다.

1980년대는 기존의 DC시리즈, PB4Y-2S, P-2V Nepture, P-3 Orion 등 안전성이 높은 터빈엔진 항공기가 등장하였다. 그 중 C-130A가 대표적이며 국방부가 이를 개조한 공중진화항공기(MAFFS:Modular Airborne Fire Fighting System)가 참여하여 항공기의 효율성과 안전성의 운용기반을 확립하였다.

- 1990년에 다양한 항공기 운용에 따른 광범위한 실험으로 성능의 표준화를 확립하고 C.A는 1996년 S-2T의 성능을 향상하여 S-2EG(26대)와 TPE-331GR(2대)을 획득하여 대당 4,500 L의 탑재능력을 가지게 되었다.
- 2000년대에 지연제 및 물 유출량의 지상분배 패턴을 실험하여 공중살포모델(ADM:Aerial Drop Model)을 개발하여 현재에 이르고 있다. 이렇듯 탱크의 시험과 개발은 항공기 기종의 변천과 운용에 병행하여 발전되어 왔다.
- 2002년 S-2T(23대)를 추가로 획득하여 S-2T(23대), OV-10A(14대), 11대의 헬기, 13개의 산불작전기지(airattack base)에서 20분 내에 산불현장에 도착하며 130개의 민간항공회사와 계약을 하였다.
- 미 산림청은 2012년 303대의 항공기와 계약을 하였으며 11,340 L 이상의 지연제를 탑재할 수 있는 대형항공기 운용전략을 마련하였다.

[표 1-1]은 미 산림청이 에어탱크의 탑재능력을 4등급으로 구분한 것이다.

[표 1-1] 등급별 에어탱크 탑재능력

Section	I	II	III	IV
Water/retardant Carrying (ℓ)	11,340	6,800~11,339	2,268~6,799	378~2,267
Airtanker Type	DC-7, C-130 P-3, KC-97	DC-6, SP2H SP2H, PB4Y2	S-2, S-2T CL-215/415	Beaver, Ag-Cat Dromadear

(출처:Type Specifications for Airtanker due to Carrying Capacity, USDA FS)

1.2.2 헬기 공중진화

헬기의 산불공중진화 운용은 다음과 같다.

- 1945년 산림청과 육군이 Sikorsky R-5A, R-5B, Ira Finch로 최초 산불 운용 시험을 하였다.
- 1946년 R-5는 알래스카의 페어뱅크(Fair Bank) 및 L.A의 레드락(Red Rock)산불에서 공중정찰, 탐지, 지도 작성에 운용하였다.
- 1947년 8월 5일 L.A의 브라이언트(Bryant)산불에 B-47B가 최초로 산불 진화 지원에 투입되었다. 이때 착륙시 먼지가 많이 발생하여 물백(water bag)을 투하하고 착륙하여 지상진화대원에게 음식, 물, 기타 필요품을 보급하였으며 산불지역 정찰 및 지도 등을 작성하였다.

A Bell 47B helicopter approaching Stone Canyon helispot on the 1947 Bryant Fire, Angles National Forest, CA. Photo: USDA Forest Service, Angeles National Forest, Arcadia, CA, 1947.

[그림 1-5] Bell 47B 헬기 'Stone Canyon' helispot에 착륙접근
(출처:Briant Fire, Angeles National C.A Photos, 1947)

그 후 50년이 지난 1997년에 L.A산림국은 8월 5일을 헬기산불진화 기념일(Birth of wildland fire aviation)로 정하여 브라인트(Bryant) 산불지역에서 인근 파사데나(Pasadena)의 로즈바울(Rose Bowl)에서 헬기의 최초 산불진화임무 개척을 축하하였고 L.A국립공원의 빅투정가(Big Tu-junga) 산불사무소에 기념비를 세웠다.

- 1953년 C.A에 사는 Nolta 형제가 헬기에 스프레이(spray)를 장착하여 관목과 잔디 불을 진압하는 것을 제안하였다.
- 1956년 헬기는 산불지역에 최초로 진화대원을 운송하였고 75m 높이에서 레펠로 하강하여 투입하였다.
- 1957년 L.A카운티 산불부서에서 B-47 동체 아래에 박스를 장착하여 호스를 연결하여 시험함으로서 최초의 물바켓(water bucket) 개발을 시작하였다.
- 1960년 C.A에서 Bell-47 으로 370L의 물을 담은 물바켓 시험을 성공하여 산림청, 내무부 국토관리국과 계약을 하고 1962년 몬순바켓(monsoon bucket)을 운용하여 170L을 운반하였다.
- 1970년 C.A는 6개의 헬기기지 헬리베이스(helibase)를 준비하고 Bell Jet Ranger를 계약하였다.
- 1978년에는 운반용량이 큰 Bell-205 3대를 계약하여 1대는 하워드(Haward)산림관리소, 2대는 샌디에고 본부의 히멧-리얀(Hemet/Ryan)과 몬테비스타(Monte Vista)에 각각 배치하고 11명의 헬리텍 요원도 할당 하였다.
- 그러나 1978년~1979년까지 5건의 헬기사고가 발생하였다. 사고이후 안전성 강화를 위해 1981년에 육군에서 운용하였던 UH-1H, 12대 이상을 운용하기로 결정하여 그중 9대는 히멧-리얀 기지에서 11월까지 운용하였다.
- 1982년~1984년에 6대의 UH-1H, F모델을 배치하였으며 1984년 밤비바켓(bumbi bucket)으로 교체하여 1,220L을 운반하였으나 사고위험에 대한 노출의 제한성이 많아 1980년대 중반에 고정익 탱크를 헬기에 장착하여 제한성을 극복하였다.
- 1986년에는 헬기(Type Ⅰ) 최초로 지연제를 3,780L의 밤비바켓에 담수하여 보이즈 국립공원의 가든벨리(Garden Velly)산불에 투하 하였다. 이후 1987년 부터 1989년 까지 계속 시행하였다.
- 1989년 UH-1H의 운용결과를 분석하여 EH-1H Super Huey로 성능향상 개조를 하였다.
- 2012년 이후 C.A는 11대의 EH-1H Super Huey를 운용하며 9개의 기지에서 20분 이내 현장에 도착했다.

[표 1-2]는 미국 산림청이 헬기의 운반능력을 4등급으로 구분한 것이다.

[표 1-2] 등급별 헬기의 운반능력

Section	I	II	III	IV
Allowable payload(Kg)	2,250	1,125~ 2,249	540~ 1,124	270~539
Passenger seats	16	10~15	5~9	3~4
Water/retardent Capacity(ℓ)	2,646	1,134~ 2,645	378~ 1,133	283~377
Helicopter Model	S-64, Ka-32T Bell214, AS-332	Bell212 Bell412 S-58T, BK-117	AS-350, B-206 S-58T, H-369	Bell47G, Lama Hiller12E

(출처:Type Specifications for Helicopter due to Carrying Capacity, USDA FS)

1.2.3 워터 탱크시험

1. 미국

1950년 후반부터 에어탱크를 사용하였으며 1955~1959년에 캘리포니아에서 투하시험을 하였고 1967년에 여러 종류 항공기로 시험, 1969년에 캐나다 엘버타에서 미 산림청의 탱크와 도어 시스템의 능력을 연구하였고 1970년에 미 산림청의 에어탱크 성능과 안전성 향상 연구를 위하여 에어탱크운용협회(Airtank Board : ATB)를 설립하여 항공기와 탱크도어 시스템의 감항성 평가를 하였다.

- 1973~1978년
  - 지상분배패턴 모델개발(조지, 브래클리 ,엔더슨. 스완손)
  - 시뮬레이션 모델형태 (PATSIM : Pattern simulated model)
  - 분산살포 제안(시몬,1977)
  - 역학적 저항모델개발(모리스,알렉산더, 1972)
- 1977년
  - 헌장개정 IATB(Interagency Airtank Board)로 명칭변경
  - 새로운 항공기와 탱크 평가, 효과증진, 운반시스템향상, 정보, 조언
  - 에어탱크 기본과 최소 하한선 확정

- 1983년에 리타던트 운용효과(ORG:Opera) 프로그램 시행
- 1985년에 지상패턴 영향요소 연구(뉴스테드, 라이스코브스키)
- 1986년에 IATB는 성능표준 개발
- 1989년에 투하예측과 표본추출 모델 개발(이삭, 스리바스타바)
- 1990년에 다양한 지연제 운반 시스템에 대한 광범위한 시험으로 성능표준을 확립

2. 캐나다

미국보다 먼저 1930년대 최초 투하시험을 하였고 1940~1950년 온타리오 국토산림부가 워터백을 이용해 시험하였으며 1950년대에 미국, 캐나다에서 시험 및 평가를 시작하였다.

- 1959~1973년
  - 투하시험 프로그램 보고
    스토리(1959), 데이비스(1960), 윌리엄스(1960), 호지슨(1967)
    맥퍼슨(1967), 그리겔(1970,1971), 뉴스테드(1973)
  - 1967년 시험(호지슨, 맥퍼슨)
  - 1968년 시험(그리겔, 1972)
  - 1970년 시험(그리겔, 1971)
  - 1973년 시험(조지, 브레클리)
- 1974~1978년
  - 바람과 환경요인 평가(브래클리, 스완슨, 헬비그, 1973)
  - 지연제 흐름학 특성연구(앤더슨, 1974,1976)
  - 모의시험연구(스완슨, 1975)
  - 탱크의 구조연구(그리겔, 1975)
  - 탱크의 특성, 문개폐 기하학, 물흐름 특성, 지연제 흐름학적 특성연구(조지, 1975/스완슨, 1978)
  - 지연제와 연료표면의 상호작용연구(앤더슨, 1978)
- 1982년에 지연제나 물의 유출량 측정(블레클리, 1982)을 하였다.

3. 유럽

1955년에 마찰속도에 대한 캐노피 위의 풍속 관련성 연구(피식, 게라트)를 하였고 1962년에 공기흐름의 수직적 파일공식(인우)을 개발하였으며 1989년에 물방울 효과 평가는 ADM

혼합 역동적 모델을 적용(해이더, 리벤스펠)하였고 1992년에 물방울 전방용적증가 연구(시앙, 훼스)를 하였다.

- 1998년
  - 산불성장시험모델연구(피니)
  - 형성된 물방울의 항적연구(라그랭안)
  - 원형물방울에 대한 저항모델 혼합(하이더, 리벤스필)
  - 컴퓨터 계산으로 스프레이 균형유지(크로우)
- 1999년에 지상침전물을 예견하는 산불투하모델 발전(데스크)
- 2000년
  - 혼합층 유추를 통한 캐노피 내의 흐름과 지표층 연구(피니간)
  - 캐노피 깊이 연구(노박)
  - 스프레이 모델링 연구(리우)
- 2002년, 2004년, 2006년
  - RAM(Retardant Application Model) 시험(톰, 보리고, 아모림)
  - ADM 실행으로 프랑스(마르셀리), 미국(매라나)에서 S-2항공기로 18회 투하 시험
- 2003년
  - 용액의 분산 후 부피시험(웨버,오네소지)
  - 물방울 용적 연구(마다부시)
  - 공기흐름의 정적분석(아스너)
- 2004년
  - 효과적인 투하시험과 지상분배 패턴연구(지멘쯔)
  - 컴퓨터 계산역동 모델 시험(CFD : Computer Fluid Dynamics)
  - 캐노피 깊이 연구(캐서티, 마르콜라)
- 2005년에 용액의 분산연구(린네)를 하였고 2006년에 나뭇잎의 넓이와 지상지표단위당 전체 식물넓이 연구(스트로피아나)
- 2007년
  - 캐노피에 대한 리타던트의 침투 연구(캐로진)
  - 마찰속도에 대한 캐노피 위의 풍속의 관련성 연구(하르만, 피니간)
- 2008년에 에어드롭 모델의 자세한 묘사(아모림)를 하였고 2011년에 ADM(Aerial Drop Model)을 발전(아모림)시켰다.

4. 오세아니아

- 1959년 지상물투하 시험(뉴질랜드, 캠벨, 1959),
- 1977년 지상물투하 시험(오스트레일리아, (레와슨,1977/리스,1983/론과 구드, 1986)

5. 한국

- 1981년 3월 19일 서울 양재동 산불진화시 산림청 500MD헬기에 밤비바켓을 장착하여 최초 산불진화
- 1993년 산림청 B-206 헬기로 밤비바켓 물투하 시험
- 1995년 11월 15일 최초 산림청 고정익 산불탐지 정찰
- 2000년 산림청, 소방, 군, 민간항공 밤비바켓과 벨리탱크를 병행 사용, 헬기 산불탐지 정찰
- 2005년 2월~8월까지 산림청 헬기 S-64E(2회), Ka-32T(8회), AS-350B(4회) 총 14회 물탱크 물투하 시험
- 2012년 4월 6일 경북, 해외임차 고정익(CL215) 밀양 삼랑진 최초 진화
- 2022년 2월~5월 산림청, 해외임차 CH47D(M234) 5대, ,AS332 2대 시범 투하 및 진화

CHAPTER 2

미국의 산불항공진화

CHAPTER

2 미국의 산불항공진화

2.1 항공자원운영 전략

2.1.1 미국의 산불관리

산불항공진화는 미국에서 시작이 되어 현재까지 발전이 되고 있으므로 미국의 산불을 우선 벤치마킹하여 한국의 실정에 맞게 창의적으로 산불을 연구하고 발전시키는 것이 효율적인 것으로 사료된다. 따라서 미국의 산불상황과 항공진화를 알아보는 것이 중요하다.

미국의 산불은 자연환경에 주요한 역할을 하고 있은 하나의 토지관리 도구로 생각한다. 즉 산불관리의 목적을 '국민의 생명과 안전에 기반을 둔 토지의 건강 보존과 증진'에 두고 산불을 관리하고 있다.

또한, 지역이 넓어 토지를 연방정부, 주정부, 원주민, 민간 등이 다양하게 소유하고 있는데도 불구하고 산불진화에 있어서 매우 체계적이고 합리적이며 다양한 방법으로 대응하고 있다. 즉 산불은 매년 약 2만 명의 전문진화대원에 의하여 진화되며 대형산불 발생시에는 군인 등 수천명의 지원인력이 동원되어 산불의 대형화를 방지한다. 이러한 국가적 산불관리를 총체적으로 국립기관협력산불센타(NIFC:National Interagency Fire Center)에서 담당한다.

산불진화장비는 주로 비행기와 헬기를 이용하고 2~6명의 진화대원이 사용할 수 있는 수백대의 산불진화차(Fire Engine)를 적극적으로 활용한다. 미국의 산불을 몇 가지로 요약하면 체계적인 산불진화조직 및 지원체계, 고도로 발달된 통신장비와 전문화된 기술인력, 언제 어느 상황에서도 적용할 수 있는 진화지휘체계(ICS:Incident Command System)가 정립되어 있다. 그리고 오랜 기초자료를 바탕으로 정립된 미국 산불위험체계(NFDRS: National Fire Danger Rating System)가 잘 발달되어 있으며 잘 기록 보존관리 되고 있는 산불발생 현황 등 각종 통계와 체계적인 진화장비관리시스템 등이 미국의 현재 산불진화기술을 체계화 및 고도화하고 있다.

2.1.2 항공자원운영 계획

1991년 미, 산림청은 자원분배 T/F팀을 구성하여 1992년부터 21세기 산불항공진화 국가자원운영계획보고서(NSFER:National Shared Forest Task Force Report)를 마련하였다. 이 보고서에서 에어탱크자원 운영계획은 1996년~1998년까지 단기계획(short-term agency need)으로 목표는 대형에어탱크의 최적화와 최고의 기지를 확보하는 것이다.

담수용량 7,560 L~11,340 L의 38대의 에어탱크와 계약하고 1998년에 7개 지역에 에어탱크 기지를 증가하는 것이다. 1999년~2015년까지 장기계획(long-term agency need)으로 목표는 필요한 에어탱크 현대화를 위한 국가에어탱크획득 프로그램을 시행하여 에어탱크 대수와 대형화 및 성능을 향상하는 것이다. 즉 1998년 38대에서 3대를 추가하여 41대(P3-A 20대, C-130B 10대, C-130E 11대)로 증가하는 것이다. 또한 군의 산불진화항공기(MAFFS:Modular Airborne Fire Fighting System) 8대를 운용하는 것이다.

헬기자원운용계획은 1989년~1991년까지 Type I 헬기 102대를 계약하는데 그 중 88대는 산림청, 8대는 연방산불관리기관(농림부, 인디언국, 국토관리국, 국립공원, 야생동물청), 4대는 주에서 계약하는 것이다. 1993년~1997년까지 Type I 헬기 518대를 운용 하며 그중 90%는 산림청에서 계약하였다. 산불기간에 헬기 운용은 남쪽에서 시작하여 남서쪽, 다음은 북쪽 록키와 태평양 북서쪽, 마지막으로 태평양 남서쪽으로 표준적인 패턴으로 한다는 것이다. 이 계획은 산림청의 가이드로 2000년 이후까지 21세기 산불관리에 대하여 선제적인 도전의 준비를 하기 위하여 마련하였다.

2.1.3 에어탱크 대형화 전략

국가자원운영계획보고서(NSFER)마련 이후 안전성, 운영효율성, 비용효과성, 지속가능성, 전략적 운영을 보완하여 '연방항공산불진화 안전 및 효율성 평가보고서'(Federal Aerial Firefighting Assessing Safety and Effectiveness, p.17, 2002.12)에서 군항공기를 획득하는 것과 터빈엔진 고정익 에어탱크를 개발할 것을 권고하였고 '산불관리항공운영연구'(Wildland Fire Management Aerial Application Study, 2005년, 재인용)는 2007년~2009년 25대의 신(New)대형에어탱크를 획득할 것을 권고하였다.

또한, 국가산불협력단(NWCG:National Wildfire Coordination Group)의 소방행정위원회와 산림청의 '부처간항공전략보고서'(Interagency Aviation Strategy, 2008.7, p.25)에는 20대의 대형에어탱크를 2008년 19대에서 2018년 32대로 증가할 것을 계획하였다. [표2-1]

[표 2-1] 미연방 진화항공기 년도별 운영계획

Type	'08	'09	'10	'11	'12	'13	'14	'15	'16	'17	'18
Large Airtankers	19	19	21	22	23	24	25	26	27	30	32
Water Scooper	2	3	3	3	3	3	3	3	3	3	3
SEAT	21	21	27	28	34	35	35	35	35	35	35
ATGS	20	20	22	22	23	23	24	24	25	25	25
Smokejumper	19	19	19	19	19	19	19	19	19	19	19
Helicopter Type 1	34	34	34	34	34	34	34	34	34	34	34
Helicopter Type 2	42	44	45	46	47	47	47	47	47	47	47
Helicopter Type 3	100	101	100	100	100	100	100	100	100	100	100
Infra-Red	2	2	2	2	2						
Large Transport	1	1	1	1	1						
Total Aircraft/YR	260	264	274	277	286	285	287	288	290	293	295

(출처:Quadrennial Fire Review, January, 2009)

농림부 조사관 Tom Tidwell이 2009년에 조사한 자료에는 2004년에 안전을 우려로 에어탱크 수를 감소하여 2007년 초기공격 성공율이 98.8%에서 97.3%로 1.5%로 감소함으로서 대략 150개 이상의 산불이 더 발생하고 추가비용이 $300million에서 $450million으로 증가하였다.(USDA Office of Inspector General Audit 08601-53-SF) 더불어서 신(new) 에어탱크도 $75million으로 가격이 올랐다. 빠르고 더욱 신뢰할 수 있고 용량이 많은 새로운 에어탱크를 획득하는 것은 초기공격의 성공율을 높이고 비용 효과적인 것을 보여 주었다. 에어탱크는 2000년 43대에서 감항성 문제로 인하여 2011년 11대로 감소하였다. 현재의 에어탱크는 경년화 되어 평균연한이 50년 이상으로 2021년까지 P-2Vs 에어탱크 10대가 퇴역한다[표 2-2].

[표 2-2] P-2Vs 에어탱크 년차별 운영계획

Year	'11	'12	'13	'14	'15	'16	'17	'18	'19	'20	'21	'22	'23	'24	'25	'26	'27	'28	'29	30
P-2Vs	11	11	11	10	10	10	9	9	7	4	1	1	1	1	1	1	1	1	1	1

(출처:Large Airtanker Modermization Strategy, USDA Forest Servive, 2012)

[그림 2-1] P-2Vs 에어탱크
(출처:표 2-2와 동일)

더불어 경년화에 따라서 정비 비용이 빠르게 증가하고 있다. 따라서 산림청과 내무부(DI:Department of the Interior Agencies)는 합동으로 안전하고 효과적인 임무를 수행하기 위하여 항공기를 교체하는 계획을 수립하였다. 이 교체계획은 21세기의 복잡한 산불환경에 최적화하고 새롭고 빠르며 비용 효과적인 차세대 대형에어탱크 필요성 증대에 의하여 2012년 1월 17일 에어탱크 현대화 최종 전략을 발표 하였다.

최종 전략 내용은 다음과 같다.

① 차세대 에어탱크를 대형에어탱크(Type Ⅰ, Ⅱ)로 교체하며 지속적으로 산불대응에 충족하는 적절한 대수는 18대~28대가 필요하다.
② 에어탱크는 11,340 L 이상의 용량을 충족하며 혼합된 리타던트가 최소한 6,800 L가 포함된 운반능력이 필요하다.
③ 장거리에 신속한 화재대응을 위해 최소 550km/h의 순항속도를 가진다.
④ 신뢰성이 높고 연료효율성이 좋으며 왕복엔진 항공기보다 정비 요구가 적은 터빈엔진 항공기가 필요하다.
⑤ 대부분의 연방에어탱크 기지에서 운용이 가능하다.
⑥ 산림청 계약프로그램 요구사항을 충족한다.
⑦ 연방 산불진화 항공기는 Type Ⅰ, Ⅱ, Ⅲ, Ⅳ 에어탱크, 워터스쿠퍼, 초대형 에어탱크(30,240 L), 중(重)형(Type Ⅰ)헬기를 혼합하여 운용한다.

[표 2-3]은 차세대 에어탱크와 구형 에어탱크의 성능을 비교한 것이며 [표 2-4]는 2011년 기준으로 차세대 에어탱크의 도입가격 및 운영비이다.

[표 2-3] 차세대 에어탱크 및 구형 에어탱크

Model	Speed (㎞/h)	Load (ℓ)	Sorties	Estimated Retardant Delivered in hrs(ℓ)
Next-generation aircraft				
C-130J (Lockheed Martin)	608	15,120	7	105,840
BAe-146 (British Aerospace)	608	11,340	7	79,380
Q-400 (Bombardier)	608	9,830	7	68,800
Legacy aircraft				
P-3 (Lockheed Martin)	464	9,640	6	57,800
P-2V (Lockheed Martin)	464	7,870	5	39,350

(출처:표 2-1과 동일)

[표 2-4] 차세대 에어탱크 도입가격 및 운영비($, 2011)

Model	Cost / hour	Cost / day	Purchase Cost
C-130J (Lockheed Martin)	$6,660	$13,740	79million
BAe-146 (British Aerospace)	$9,983	$19,646	7million
Q-400 (Bombardier)	$5,800	$9,400	7million
P-2V (Lockheed Martin)	$8,000	$28,000	-

(출처:표 2-1과 동일)

상원위원 Dianne Feinstein은 산불기간에 캘리포니아의 수백만 에이커가 산불의 높은 위험에 있는데 에어탱크 전략이 지연된다고 비판을 하고 재촉하였으며 상원위원 Mark Udall도 산림청의 산불진화항공기 향상계획의 지연은 용납할 수 없고 2013년 산불시기 전에 긴급하게 필요하다고 하였다. 결론적으로 산불의 초기공격에 매우 우수한 대형에어탱크는 미국에서의 산불진화에 최우선 자원이다. 1996년 자원프로그램이 시작된 이후로 산불환경의 변화 및 연방예산 책정에 따라서 전략과 계획이 수정 및 변경되어 왔다. 즉 대형에어탱크는 1998년(38대), 1999년(41대), 2000년(43대)까지 증가하였다가 2002년 구조적 결함으로 인한 C-130A와 PB4Y 에어탱크 6대가 사고로 인하여 2008년(19대), 2011년(11대)로 점차 감소하다가 2012년(23대)로 증가하였다.

기후변화로 인한 산불의 강도와 확산율의 증가로 인하여 대형에어탱크의 성능향상이 사회적, 국가적으로 이슈가 되면서 현대화를 모색하여 신속하게 산불현장에 도착하여 진화와 지상진화대원에게 지원 할 수 있는 최적의 대형에어탱크의 적절한 대수와 용량의 기준을 설정한 것이다.

2013년 이후로 산불진화환경에 필요한 차세대 대형에어탱크 용량은 9,830L 이상이며 대수는 18대~28대로 보았다.

2.1.4 산불진화 항공기운영 새 전략

1. 산림청 항공 전략 구현 5년 계획(2018-2022)

산림청(Forest Service)은 헬리콥터, 에어탱커 및 기타 고정익 자산을 포함한 항공 자원을 활용하여 모든 관할 구역에서 산불 대응 작전을 지원한다. 산림청은 1919년 이래 거의 100년 동안 항공기를 사용해 왔으며 조건과 기술이 변화함에 따라 항공기의 대수, 기종 및 활용 특성이 계속 발전하고 있다. 2012년 민간 산업은 항공기 현대화 표준을 충족하는 데 필요한 차세대 항공기를 제공하지 못할 수 있는 것으로 나타났다. 이로 인해 의회는 2014년 국방 승인법(National Defense Authorization Act)을 통해 해안 경비대에서 7대의 HC-130H를 제공했으며, FY2015 옴니버스 세출법(Omnibus Appropriations Act)에서 대형 에어탱크(LAT) 현대화를 위해 6천5백만 달러를 승인하였다. 몇 년에 걸쳐 상당한 노력을 기울인 후 전환이 완료되었으며 2018 회계 연도 산불 시즌 에어탱크 항공대는 모두 차세대 항공기가 되었다.

산림청은 예상 수명이 6-12년에 불과한 HC-130H 프로그램을 구축하기 위해 약 4천4백만 달러를 지출하였다. 산림청은 HC-130H를 운영하는데 연간 1천만~1천2백만 달러 이상의 비용이 예상되며 에어탱크 비용보다 약 50% 더 높았다. 6~12년 안에 단계적으로 폐지될 7대의 HC-130H에 연간 7천만 달러 이상을 지출하는 것은 비용 효과적이지 않고 6~12년의 수명을 초과하여 항공기를 장기간 유지하여 프로그램이 제도화되면 교체 부품에 상당한 비용이 소요될 수 있어 임무 수행 능력을 위태롭게 될 것으로 판단하였다. 따라서 산림청은 2019 회계 연도부터 HC-130H의 프로그램을 중단하고 항공자금조달요구 5년 계획을 수립하였다.

[표 2-5] 에어탱크 및 헬리콥터 계약 비용 (백만 달러)

Aircraft	FY2018	FY2019	FY2020	FY2021	FY2022
LATs	$81	$92	$102	$106	$109
Lext Gen 1.0	30				
Lext Gen 2.0	35	36	38	40	41
Lext Gen 3.0	0	56	64	66	68
Agency Owned HC-130Hs	16				
Purpose Built New LAT($65M)	0				
Helicopters	$119	$119	$121	$122	$124
Type 1 helicopters	70	70	71	72	73
Type 2 helicopters	30	30	34	34	34
Type 3 helicopters	16	16	16	16	17
TOTAL	$200	$211	$223	$228	$233

(출처:USDA Forest Service Aviation Strategy Implementation, 2018~2022)

[표 2-6] 산림청 지원 에어탱크 및 헬리콥터 비율

	Department of Interior	States
Helicopters	13%	14%
Large Airtankers	22%	29%
Total Projected Recovery	$39M	$47M

(출처:표 2-5와 동일)

대형 에어 탱커, 헬리콥터, 기타 고정익 자산 등은 각각 항공진화 작전 중에 고유한 임무 기능을 제공한다. 산림청은 지역 및 자연 자원을 산불로부터 보호하기 위한 연방, 주 및 지방의 임무 요건을 충족시키는 데 필요한 항공 기능을 제공하기 위해 계속 평가하고 있다.

산림청의 항공자산운영 목표는 및 전술적 기여와 성능을 평가하고 향후 항공 예산 및 계약을 위한 전략을 세우기 위해 개발 및 구현하는 것이고 변화하는 환경에 지속적으로 모니터링, 학습 및 적응하고 산불진화 조건을 충족시키는 데 필요한 항공기 용량을 조정한다.

2. 항공산불진화 운용 및 효과

산림청은 항공산불진화운용 및 효과성 연구 AFUE(Aerial Firefighting Use and Effectiveness study) 연구를 GAO(Government Accountability Office) 보고서(GAO-13-684)의 권장 사항 및 Wildland Fire에 대한 항공기 현대화 전략의 개발을 요구하는 기대에 부응하여 2012년에 시작하여 2015년에서 2019년까지 조사연구를 하였으며 2023년에

발표하였다.

GAO 보고서는 산림청이 진화항공기의 성능과 효과에 대한 정보를 수집하려는 노력을 확대 할 것을 권고했다. AFUE 연구의 목표는 대형 에어 탱커, 헬리콥터 및 수상 스쿠퍼의 효과적인 사용을 정량화하고 측정하기 위한 프로세스, 기술, 평가 기준 및 성능 측정법을 개발 및 구현하여 자원 배분, 운영 프로그램 결정, 그리고 미래의 항공단 관리에 도움이 되며 항공 비용 효율성의 전반적인 개선 및 향후 화재 진압 비용 절감의 잠재적 실현으로 이어지는 것이다, 연구원칙은 성과 및 효율성, 위험관리, 투명성에 견지하여 수행하였다.

〈데이터 수집〉

AFUE 연구는 진화항공기의 성능 지표를 정의하고 추적하기 위한 주요 정보를 제공한다. AFUE에는 2015년부터 2018년까지 18개 주에서 발생한 272건의 사건에 대한 데이터가 포함되어 있다. 여러 관할권에서 18,929회의 헬리콥터 투하, 3,303회의 스쿠퍼 낙하를 관찰했다. 5,379회의 에어탱크 지연제 투하. 각 투하는 목표와 결과를 기반으로 분석되었으며, 평가기준에 따라 결과를 요약하여 성능과 효과성을 정량화하였다. 화재 유형을 포함한 다양한 변수에 따라 항공기 사용을 요약하는 데이터를 수집하였다. (초기 공격, 확장 공격 또는 대규모 화력 지원), 연료 유형, 기상 조건 및 드롭, 예측할 수 있는 모델 개발을 가능하게 하는 특성(예: 시간, 항공기 속도) 효율성을 높이고 의사 결정을 지원한다. 사고지휘관 및 담당관은 일반적으로 데이터 수집을 위해 AFUE에 전국 산불 사건에 대한 접근 권한을 부여했다.

AFUE 연구 기본방침 및 실행은 다음과 같다.

- 2012년과 2015년 사이에, AFUE 연구 프로토콜을 확립하고 에어 탱커 공급 업체와 협력하여 계약 항공기에 데이터 수집기를 설치하였다. 2015년부터 라이브 데이터 수집이 시작되면서 데이터 실행 가능성과 자신감에 대한 테스트가 시작되었다.
- 자격을 갖춘 3명의 소방관이 각 4개의 '관찰 모듈'에 의해 12명이 데이터를 수집하였다. 그 외에 3명의 분석가/데이터 관리자가 평가하였다.
- 화재는 표적 샘플링 방법론에 의해 관찰되도록 선택하였다. 모든 AFUE 임무는 지리적 지역 조정 센터, 지역 파견 센터 및 현장 현지 사건 시스템을 통해 조정하였다.
- AFUE는 항공기 지연제 낙하 위치 및 다음을 포함한 정보를 수집하였다. 각 지연제/물 투하의 목표 및 결과, 지형, 경사, 연료 유형, 산불 확산, 진화제 낙하 효과에 영향을 줄 수 있는 기상 조건 및 기타 환경 요인 등

- AFUE의 분석 방법론은 데이터 마이닝, 예측 모델링, 가설 테스트 및 새로운 통계 도구를 사용하여 데이터의 복잡한 관계를 밝혀내고 향후 의사 결정의 영향을 예측한다.
- 2015년에서 2017년 사이에 수집된 데이터의 초기 결과는 AFUE 산불 억제 대응이 항공기의 산불진화 기여를 문서화하는 목표, 결과, 성능, 효과 및 성공 확률을 평가하는 방법을 명시하였다.
- 목표, 조건 및 결과를 문서화 할 때 AFUE 데이터는 특정 항공기 유형의 성능을 식별하고 추적할 수 있으며, 운영 미션 및 환경 요소가 지연과 저하 성능에 미치는 영향을 평가할 수 있는 기능을 제공한다.
- AFUE 데이터 수집은 매우 집중적이고 복잡하며 개별 화재 수명주기 동안 정 성적 및 정량적 정보를 수집하였다.
- 데이터 분석가는 화재 관리 결정과 조치 사이의 연관성을 이해하기 위해 노력한다. 즉 환경 조건 및 결과와의 관계, 회의 목표의 성과를 측정 할 수 있는지 평가, 성공 또는 실패의 원인을 이해할 수 있다.

〈최초 조사 결과〉

- 회전익 항공기 투하성공률은 직접진화가 87%, 간접진화가 62% 이다.
- 고정익 항공기 투하성공률은 직접진화가 74%, 간접진화가 56% 이다.
- 회전익과 고정익은 미션 프로파일이 다르며 두 항공기 진화 유형은 산불현장 상황에 따라서 직접 및 간접진화를 혼용하며 직접진화가 간접진화보다 다소 많다.

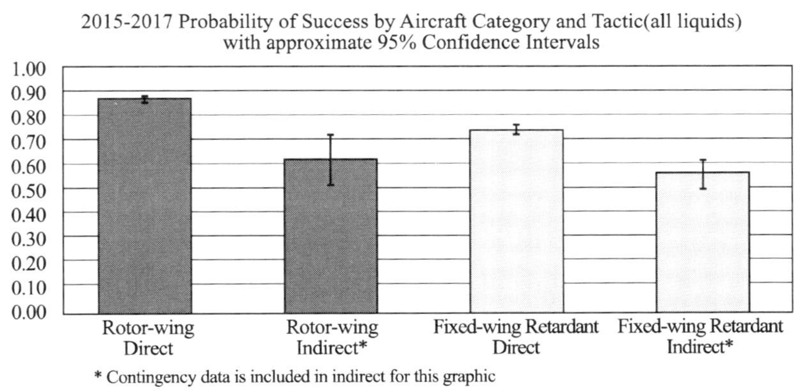

[그림 2-2] 회전익 및 고정익 항공기의 투하성공율 조사(2015～2017)

〈키 포인트〉

AFUE 연구는 산불진화 항공기의 성능 지표를 정의하고 추적하기 위한 주요 정보를 제공한다.

- 연구 결과는 훈련, 임무 선택 및 실행 개선, 궁극적으로 항공단 계획으로 이어질 수 있으며 항공 비용 효율성의 전반적인 개선 및 진화 비용절감으로 이어질 수 있다.
- AFUE는 지형, 경사, 연료 유형, 산불행동, 기상 조건 및 낙하 효과에 영향을 줄 수 있는 기타 요인과 함께 각 낙하의 목표 및 결과를 포함한 항공기 낙하 위치 및 정보를 수집한다.
- AFUE는 개별 낙하의 목표, 조건 및 결과를 문서화함으로써 특정 항공기 유형의 성능을 식별 및 추적하고, 낙하하는 운영 임무 및 결과에 영향을 미치는 환경적 요소의 영향을 평가하는 수단을 제공한다.
- 모든 AFUE 임무는 지리적 지역 조정 센터, 지역 파견 센터 및 현장 현지 사고 명령 시스템을 통해 조정되며 운영 결정 또는 결과에 영향을 미치지 않는다.
- AFUE 연구는 전국 및 화재 시즌 전체에 걸쳐 지상 및 공중 데이터를 수집하기 위해 전용 항공기뿐만 아니라 자격을 갖춘 소방관 3명으로 구성된 4개의 "관측 모듈"을 사용한다.

AFUE는 새로운 성과 지표 상호 작용 비율(IP:Interaction Percentages) 및 성공 확률(POS:Probability of Success)를 사용하여 정량화 하였다.

- **상호작용 비율(IP)** :모든 투하가 산불과 상호작용하는 것은 아니지만 상호 작용한 투하의 효과를 평가했다. 많은 투하가 기준점(앵커포인트)에서 진화 작업을 수행하며 IP는 산불과 상호 작용한 것으로 투하 수를 총 개수로 나눈 값이다.
- **성공 확률(POS)** :유효 투하 수를 총 투하 수로 나누어 계산한다.

알려진 상호 작용 결과가 있는 투하수. 이 측정값은 어떤 경우에도 계산될 수 있다.

〈AFUE 조사결과 일부〉

(1) **항공기 효율성** : 진화 결과

다양한 항공기 유형에 대한 물투하 정확성 보여준다.

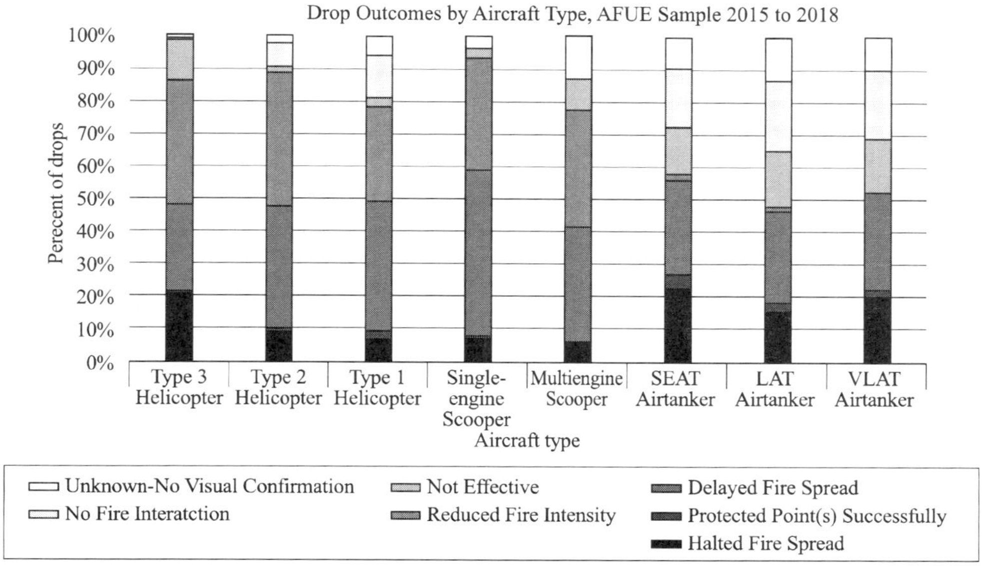

[그림 2-3] 2015~2018 항공기 형태에 의한 물투하 정확성

(2) **항공기 효율성** : 목표와 결과의 조정

다양한 항공기 유형에 대한 물투하 진화효과성을 보여준다.

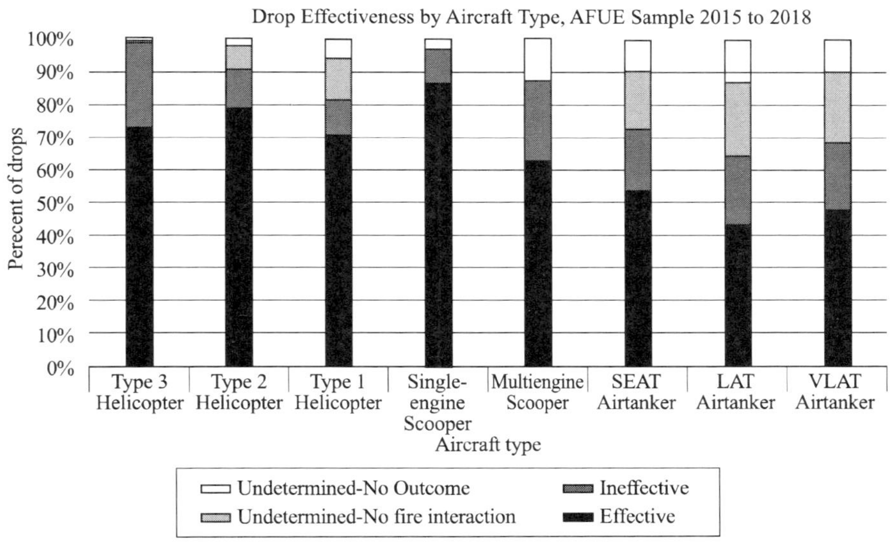

[그림 2-4] 2015~2018 항공기 형태에 의한 물투하 진화효과성

(3) **항공기 효과** : 진화 상호작용 백분율(IP)

항공기 형태별 진화 상호작용 백분율(IP)을 나타낸다.

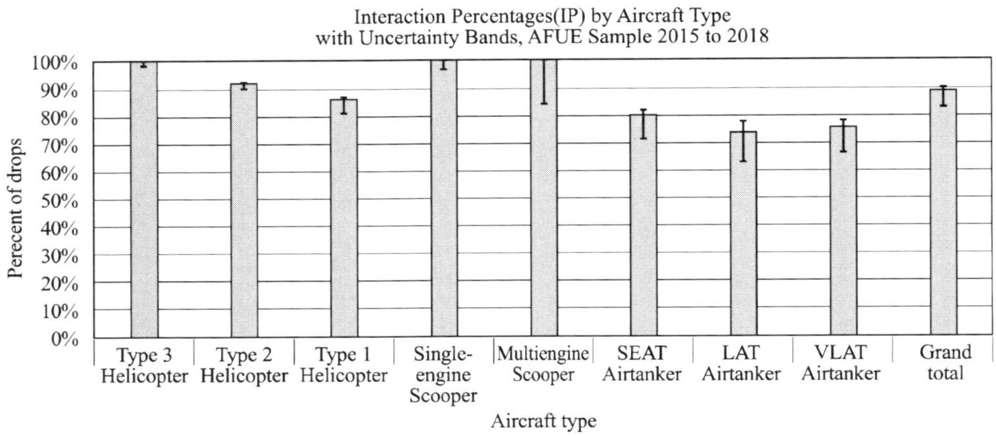

[그림 2-5] 2015~2018 항공기 형태별 진화 상호작용 백분율

(4) **항공기 효율성** : 진화 성공 확률 (POS)

항공기 유형별 성공 확률 (POS) 소수점 값을 보여준다.

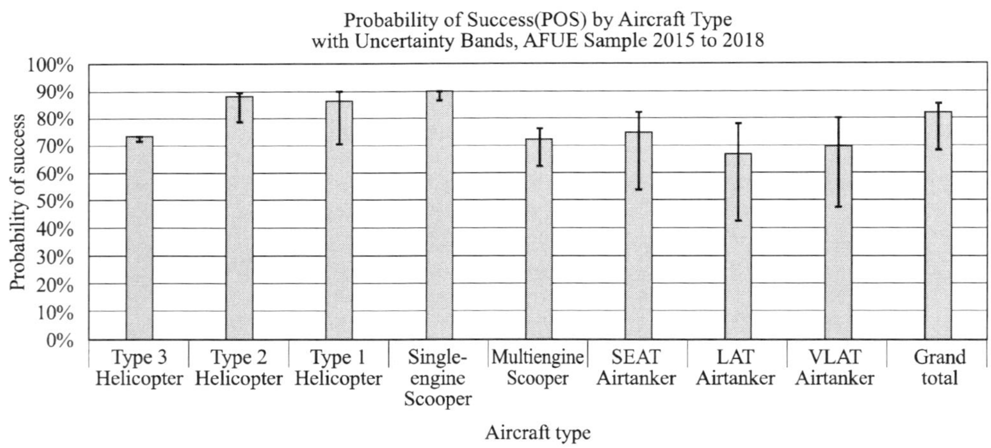

[그림 2-6] 항공기 유형별 진화 성공 확률 (POS)

〈결론〉

산불의 계절은 연중 내내이며 극심한 기상 조건, 유해 연료의 축적, 산림, 도시 경계 안팎의 개발 증가 등 산불 활동을 일으킨 다양한 요인으로 인해 산불의 해가 되어 더 복잡하

고 비용이 많이 든다. 산불의 크기와 강도는 계속 증가하여 진화항공기에 대한 수요가 지속적으로 증가할 것으로 예상된다. 산림청은 임무 요구사항, 효과성, 비용 효율성 및 항공 임무 위험을 지속적으로 모니터링 한다. 이 장기적인 과정을 통해 적절한 항공 진화자원을 혼합하여 21세기에 이르는 산불진화 임무를 효과적으로 지원할 수 있다.

3. 산림청 항공단 2022~2026년 4대 전략목표

2022~2026 항공 전략 계획은 모든 측면에 대해 4가지 중요한 목표를 설정한다. 이러한 목표는 안전, 인력, 조직 프레임 워크 및 기술, 특정 핵심 성과 지표를 사용하여 각 목표를 식별한다.

목표 1 : 사고 예방

목표 2 : 국민을 보호하고 숲 유지

목표 3 : 성공을 위한 조직 구성

목표 4 : 탐색, 평가 및 새로운 기술을 채택, 효과적인 항공 임무를 달성

〈세부 핵심 성과 지표〉

- **선제적 리스크 관리를 통한 사고 예방**

목표 1.1 : 기관의 항공 안전 관리 시스템을 강화하고 개선

1.1.1. 지도력과 정보를 유지

1.1.2. 격차 분석 실무 그룹

1.1.3. 골드 스탠다드 인증

1.1.4. 가이드 검토 및 업데이트

목표 1.2 : 목표와 지표를 사용하여 허용 가능한 수준의 안전성능 개발

1.2.1. 안전 성과 목표/지표

목표 1.3 : 위험 관리 프로세스를 지속적으로 개선

1.3.1. 프로그램적 위험 평가

1.3.2. 위험 평가 종료

1.3.3. 리스크 관리 프로세스

목표 1.4 : 항공 시스템이 설계대로 작동하고 요구 사항 및 표준을 준수하는지 확인

1.4.1. 지역 리뷰

1.4.2. 프로그래매틱 리뷰

1.4.3. 사고 조사 프로세스

1.4.4. 비행 운영 품질 보증

목표 1.5 : 학습 환경과 열린 의사소통을 통해 적극적인 문화개발

1.5.1. 안전 표창 및 수상

1.5.2. 항공안전성명 체계

- **국민보호**

목표 2.1 : 다양한 문화, 관점 및 아이디어를 갖춘 우수한 지원자 충원

2.1.1. 다양성 봉사 활동

2.1.2. 대행 임명 줄이기

목표 2.2 : 요구 사항, 교육, 멘토링 포함하는 항공경력개발계획을 수립

2.2.1. 항공 진로 및 멘토링

- **성공을 위한 조직**

목표 3.1 : 기존 정책을 지속적으로 검토하고 새로운 요구 사항을 충족하기 위해 필요에 따라 조정

3.1.1. 정책 검토 주기

목표 3.2 : 우선순위를 명확하게 식별하는 신중하고 투명한 예산 프로세스를 개발

3.2.1. 사역의 선교 프로그램 지원

3.2.2. 항공예산 투명성

3.2.3. 프로그램 관리 계획

3.2.4. 계약 위험 모니터링

목표 3.3 : 계약 항공기의 효율성을 모니터링하고 개선

3.3.1. 계약 효율성 모니터링

3.3.2. 계약 유효성 모니터링

3.3.3. 직원 채용 기준

- **새로운 기술을 탐색, 평가 및 채택하여 보다 효과적으로 임무 달성**

목표 4.1 : 산림청 항공기 유지 및 현대화

4.1.1. 운전 자본 기금 항공단 평가

4.1.2. 인간을 돕는 기술

4.1.3. 표준화된 IT 기능

2.1.5 군 C-130 MAFFS의 공동운영전략

산림청의 자원운영전략의 부분으로서 군의 산불진화항공기(MAFFS) 9대를 사용한다. 이는 국방부 세출법안예산에 매년 포함된다.

국방부(DoD:Department of Defence), 주 공군, 공군예비대, 주방위국, 농림부, 내무부가 회원인 통합업무그룹(IWG:Integrated Working Group)은 연방 산불진화의 공동사용을 공식화 하고 국방부는 산불진화를 위해 승무원이 훈련을 하고 자격을 유지한다. 또한 항공기는 북미와 캐나다, 멕시코 등에도 가용하도록 임무를 확장하고 연 365일 운용이 가능하도록 MAFFS Ⅱ로 항공기의 성능을 향상하였다.

[그림 2-7] C-130J MAFFS
(출처:Federal Forest Firefighting Assets/C-130 Firefighting Capabilites, 2010)

2.2 항공진화 운영부서 및 책임

산림청의 제반 산불진화의 정책은 부처간 원할한 협력을 위하여 국립기관협력산불센터(NIFC)가 수행한다. 이는 최초에 1965년 보이스기관산불센터(BIFC:Boise Interagency Fire Center)를 설립하여 회원은 산림청(US Forest Service), 국토관리국(BLM:Bureau of Land Management), 기상청(NWS:National Weather Service)이었다.

1970년 국립공원(NPS:National Park Service), 인디언국(BIA:Bureau of Indian Affairs)이 참여하고 1979년 어류 및 야생동물청(FWS:Fish and Wildlife Service)이 참가하였으며 1993년에 연방국가의 포괄적인 임무를 반영하기 위해 국가기관산불센터(NIFC)로 명칭을 변경하였다.

2003년 소방청(FEMA:Ferderal Emergency Management Agency)이 참가하여 7개의 기관이 되었다.

실질적인 임무를 실행하는 하부조직인 국립기관협력센타(NICC:National Interagency Coordination Center)가 연방 전지역을 11개로 할당하여 산불현장의 진화임무를 관리 및 수행 한다. NICC는 산불자원과 사고에 대해 국가적인 동원을 하며 주요 임무는 승무원, 항공기, 장비 및 지원품의 파견, 정보 및 예보를 서비스 하며 자원을 통합하여 동원하는 개념으로 임무를 수행한다.

항공진화를 위해서 에어탱크, MAFFS, 선도기, 스모크점퍼, 승무원, Type Ⅰ 사고관리팀, 지역지휘팀, 중형 및 대형헬기, 적외선 항공기, 군자산, 통신, 원격자동기상대(RAWS:Remote Automated Weather Station), 대형운송 항공기를 배치 및 운영한다.

또한 모든 리스크 사고를 지원하며 산불과 사고관리결정을 위한 국내산불 공동체의 운용을 위하여 정보를 수집하여 제공한다. 그리고 산불관련 항공업무에 관련된 국가산불 & 항공체계협력단(National Wildland fire and Aviation System Coordination Group)이 있다.

이는 국가산불협력단(NWCG:National Wildfire Coordination Group)의 정보자원관리작업팀(IRMWT:Information Resources Managenent Working Team) 소속이다.

국가산불협력단은 1976년 1월 산불관리 절차와 정책의 설정, 안정된 유지, 협력을 위하여 설립하였다. 그리고 정책적 정보자원관리 사안의 검증과 정보를 제공하기 위해 정보자원관리 작업팀을 설립하였다.

회원은 내무성 국토관리국, 산림청, 국립공원, 인디언 사무국, 국가산불협력단 자원관리사무소(NWCG IRM Program Management Office IRM-PMO), 화재조사단(Fire Research), 주산림국가협회(NASF:National Association of State Foresters)이다.

항공체계협력단(ASCG)은 국가기관 산불에 대한 긴급하고 장기적인 모든 주제에 대한 지침과 정보의 공유, 문제해결, 표준개발 및 제안, 규약, 승인, 항공자동체계의 기술정보체계관리와 관련된 자원 배분, 항공정보기술관리 전략 등을 최우선으로 한 권고를 NICC에게 한다.

항공자원은 산불진화를 하기위한 도구중의 하나이다. 항공작전의 목적은 안전하고 효과적이고 효율적인 산불진화 활동을 지원하는 것이다. 산불에서 항공자원의 효과는 항공기의 능력, 지상자원, 초동진화를 위한 속도에 의한다. 이러한 요소는 항공기 운영의 우선권, 기동성, 근접성, 많은 형태의 항공기의 융통성으로 인해 확대된다.

항공관리자는 항공정책발전, 항공기 획득, 금융지원, 정비관리 등에 책임이 있으며 안전프로그램 검토, 사고조사, 항공기 검사 및 조종사 평가 등을 지원한다. 산불과 항공관리프로그램은 연방정책, 절차와 표준을 발전시키고 모든 항공 활동의 기능검토와 기관협조를 유지한다.

국립기관협력산불센터(NIFC)의 산불항공관리부(OF/A:National Office of Fire and Aviation Management)에서 항공운영전문가는 지역의 산불공중진화임무수행, 국가적인 전략적 항공프로그램 마련, 기금조성과 항공기 획득을 위한 권한과 책임이 있으며 지방정부와의 협조 및 컨설팅을 하는 등 항공전문기술을 지원하고 항공관리자와의 전략적 파트너십을 유지한다.

항공정보 획득으로 안전한 운영을 위해 항공관리자와 사용자는 정책을 구체화하여 매뉴얼, 핸드북, 특별한 절차를 요구하는 항공참고자료, 안전경고, 지시각서, 회보, 사고보고서, 기타 발생 가능한 안내정보를 수집하여 중요사항을 인지하고 지역의 관리자는 자료를 수시로 업데이트하여 항공기지, 파견지, 항공관리자 사무실에 비치한다.

2.3 항공진화 제한사항

항공기 운영에는 제한하는 몇 가지 요인들이 있다. 급경사 지역, 깊은 계곡, 초속 30knots 이상의 바람, 그늘(특히, 이른 아침이나 늦은 저녁), 큰나무 또는 돌출목, 전선, 전화선, 안개와 연기 등이다. 진화조종사는 산악지역의 기류와 바람 등의 기상에서 비행하는 기술에 숙되어야 한다.

에어탱크는 풍속 20knots 이상으로 순간돌풍(Gust) 10knots를 초과할 때 주의하며 1,000피트 이하에서 운용 시에는 30knots 초과할 때 주의하며 능선이나 절벽 등에서 순간돌풍 15knots 초과할 때 더욱 조심해야 한다.

헬기의 풍속제한은 50knots이며 TypeⅠ(Heavy)과 TypeⅡ(Medium) 헬기는 500피트 이하에서 40knots이며 순간돌풍 15knots이다. TypeⅢ(Light) 헬기는 500피트 이하에서 30knots이며 순간돌풍 15knots 이다. 헬기는 오직 시각비행 만 할 수 있다. 저고도 비행시 중정도(moderate) 이상의 터브란스(turburance)가 있으면 즉시 비행을 중지하며 공중전술감독관(ATGS:Air Tactical Group Supervisor), 조종사, 기타 관련된 사람이 관심을 갈고 지속적으로 평가할 책임이 있다.

모든 산불진화의 시작과 종료의 규정은 통합항공감독가이드(IASG:Interagency Aerial Supervision Guide)에 의하며 산불현장은 항공기로 인한 공중공간의 밀집, 저시정, 기상역전, 산악지형 등 해저드가 있는 상황에 있으므로 비행의 시작과 종료시간을 두 부분으로 나누어 제한하며 이륙과 착륙시간 사이를 주간비행으로 보며 운영방법은 다음과 같다.

① 공중전술감독관(ATGS:Air Tactical Group Supervisor), 에어탱크협조자(ATCO:Airtank Coordinator), 헬기협조자(HLCO:Helicopter Coordinator)가 있어서 시정 및 안전요소가 확보될 경우는 일출 30분 전에 이륙 (Start-up)하여 일몰 30분 후까지 착륙(cut-off)한다.

② ATGS, ATCO, HLCO가 없어서 시정 및 안전요소를 미확인 될 경우는 일출 30분 후에 이륙하여 일몰 30분 전까지 기지에 복귀하여 착륙하며 해저드가 높을 경우는 더 일찍 착륙한다.[그림 2-8]

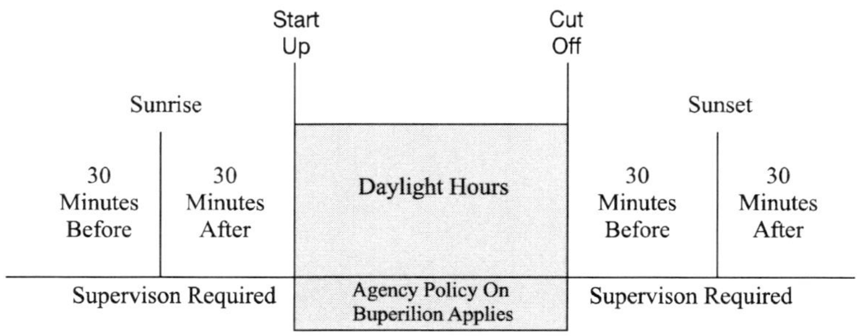

[그림 2-8] 진화항공기의 야간 시동시간 및 종료시간
(출처:Operations and Safety Procedure Guide for Helicopter, Forest Service, 2007)

에어탱크의 속도는 궤도의 크기에 따라 조절하나 실속속도의 130% 이상을 유지하며 30°를 초과하지 않는 경사도를 유지를 하고 추월시에는 우측으로 한다. 투하시 급작스런 상승과 과도한 90°선회는 피해야 한다.

산불의 화두부에 있는 무성한 연소물은 에어탱크 및 헬기에서 투하하는 지연제의 침투를 어렵게 하므로 효과적인 진화에 제한이 있다.

연료 또는 산불 전방의 연료가 공중진화기의 효과를 제한 할 수 있고 헬기 물 투하 시 두꺼운 임상 때문에 지연제의 침투가 제한 될 수 있다.

효과적인 진화항공기의 바람직한 표준은 평균산불 규모에 충분히 대처 할 수 있는 물담수 능력과 성능이 있어야 하고 평균 산불규모에서 산불을 약화 할 수 있는 담수지의 거리는 4km 이다. 물을 재보급하고 현장까지 돌아오는 시간(Turnaround time)과 재보급하는 지점까지의 거리는 제한사항이 될 수 있다. 30분 이상 소요되면 시간을 단축시키기 위하여 에어탱크 수를 증가 시켜야 한다. 헬기는 10분 이상이면 헬기 수를 증가 시켜야 한다. 공중진화의 최대의 성과를 내려면 매 5분마다 물투하가 가능하도록 헬기를 증가 하여야 한다.

공중진화 지휘자는 필요한 항공기의 댓 수를 판단하여야 한다.

캘리포니아에서는 일인의 정조종사 임무비행과 훈련비행은 하루 7시간을 하며 부조종사가 탑승하는 2인 비행은 하루 8시간 비행을 제한한다. 7시간 임무비행 후에는 10시간 휴식을 취해야 한다. 연속적으로 14시간 이하로 제한한다. 6일간 연속 비행하여 36시간(헬기42시간)을 초과하면 다음날 휴식을 하며 14일간 임무 후에는 2일간 휴식을 취하며 임무 후 24시간 이내에 최소 10시간은 휴식한다. 비행장에서 비행장 또는 헬리포트 간 이동비행은 하루 최대 10시간으로 제한한다.

2.4 임차헬기 운용

2.4.1 계약 및 획득

산림청과 담당기관은 에어탱크와 헬리탱크의 조달(계약과 획득)은 임차항공기 협정(ARA:Aircraft Rental Agreement)에 따라서 다음과 같은 방법이 있다.

① 독점사용(Exclusive use) 계약

② 필요할 때 계약하는 방식(CWN:Call When Need)

③ 기본요구협정(BOA:Basic Ordering Agreement)

④ 호출(On-Call) 등 4개 방법으로 한다.

독점사용계약은 조달과정에서 협상을 통하며 일반적으로 3년간 계약하며 기간은 보통 60~120일간이며 경쟁 입찰을 하여 계약기간동안 24시간 지정된 지역에 산불배치를 한다.

CWN방식은 대형산불의 초기공격, 독점사용계약 헬기가 위임하거나 사용불가 시에 특별한 프로젝트형 산불 등 단기간 항공기를 사용하기 위한 방법으로 1년 단위로 계약을 하며 그 기간 내에 필요시 운용하고 경쟁 입찰은 하지 않는다.

BOA방식은 CWN방식과 유사하나 1년 단위로 계약을 하지 않고 당시의 단기간 필요시 계약하며 경쟁 입찰은 하지 않는다.

On-call은 독점계약과 CWN의 중간적인 방법으로서 경쟁 입찰로서 60일간 계약하며 요청시 2~4시간 이내 항공기를 원하는 장소에서 운용하고 기지로 복귀한다.

연방 산불관리부서는 에어탱크와 항공기 승무원에 대해 엄격한 표준을 확립한다. 따라서 국가기관에어탱크운영위원회(IATB:Interagency Airtank Board, Fire Management Volume 52, No2 1991)인가를 받고 FAA의 항공기 표준감항성 검사와 리타던트를 탑재하는 탱크를 장착하기 위한 FAA의 기종증명서(STC:Supplememtal Type Certificate)규정의 기종증명(TC:Type Certificate)을 발급 받은 항공기에 한에서 조달을 한다. 대부분의 주는 조달을 하며 소수의 주는 자체 소유의 항공기가 있다.

협조가 가능한 기관과 군의 에어탱크와 헬리탱크는 IATB요구에 충족은 하지 못하지만 양해각서(MOU:Memorandum of Understanding)를 체결하여 지원을 받는다. 특히 군의 C-130 수송기를 산불진화 항공기로 개조한 MAFFS와 캐나다 에어탱크는 임차 에어탱크와 순환적으로 지원한다.

2.4.2 임차항공기 협회

미국은 협회에 많은 항공회사(제작사, 운영회사) 등이 가입하여 협회에서 통합적으로 미 정부와 산불진화 임차계약을 맺어 운영한다. 대표적인 항공기 협회는 항공진화산업협회(AFIA:Aerial Firefighting Industry Association)와 항공진화 협회(AAF:Associated Aerial Firefighters)이다.

AFIA는 다발 및 단발엔진 에어탱크, 헬리탱크를 활용하여 산불진화에 종사하는 회사의 공통이익과 복지증진을 목적으로 1988년에 설립하였다.

협회는 투표권(voting)이 있는 9개의 멀티엔진 회사, 3개의 대형 헬리탱크 회사, 2개의 싱글엔진 에어탱크 회사와 투표권이 없이(non-voting) 유지하는 7개의 회원이 포함된다. 회원의 공통목표는 공중진화사업의 공통이익을 증진하고 장기적인 안정성과 효율성을 보장한다. 협회의 조종사는 에어탱크 및 헬기 조종자격을 갖추고 있으며 1,500시간 이상의 비행시간과 20년 이상의 풍부한 경험과 숙련된 공중진화 기술을 보유한 조종사로서 협회규정에 의하여 조종사를 채용한다.

[표 2-7] 에어탱크 및 헬기 조종사 자격기준

조종사 자격	경력	비행시간

조종사 자격	경력	비행시간
Airtanker Pilot-in Commander (AKP)	고정익 정조종사(PIC) 시간	1,200
	고정익 멀티엔진 시간	200
	해당기종 시간	25
	멀티엔진항공기시간(12,500lbs 이상)	100
	최근 12개월 시간	100
	계기비행시간(실계기 최소50시간)	75
	야간비행 시간	100
	저고도 산악비행 시간	200
	총 비행시간	1,500
Airtanker Co-Pilot (AKC)	고정익 정조종사(PIC) 시간	800
	최근 12개월 시간	100
Heli-Tanker Pilot	해기종 시간	50
	터빈엔진 시간	100
	야간비행 시간	30
	야간비행 최근 60일 시간	2
	최근 60일 시간	10
	산악비행 최근 12개월 시간	100
	산악 이착륙 시간	20
	산악 총 비행시간	250
	총 비행시간	1,500

(출처:Flight Crew Requirements, USDA)

협회는 에어탱크 운영자, 농림부, 내무부, 주정부의 산불기관과 효과적인 의사소통을 확립하고 미래의 요구를 충족하도록 준비를 하며 산림청과 주정부 산불진화기관과 계약한다.

계약된 에어탱크 회사는 2월~10월까지 미국의 모든 지역에 항공진화를 한다. 활동의 범위는 이른 봄 2월~4월까지는 남부와 동부, 한여름 5월~6월은 남서부와 알래스카, 늦은 여름과 이른 가을 6월~10월은 서부로 확장한다. 회사는 산불기간에 홈기지에서 출동대기(On-call availability status)를 한다.

AFIA의 회사들은 공중진화를 위한 연구 개발 프로그램을 통하여 자신의 능력을 향상시킨다. 초기의 항공기 선정은 2차대전 시 사용한 오래된 Stearman PT-175와 N3N biplanes 이었다.

에어탱크 산업이 발전하는 동안 잉여 군용기가 에어탱크로 전환하는 것이 대중적이었다. 그 이유는 다음과 같다.

① 잉여 군용기를 저렴한 가격으로 도입이 가능하다.

② 장거리 전략폭격을 위해 제작되어 빠른 속도로 장거리를 비행 할 수 있다.
③ 다양한 고도에서 비행을 할 수 있다.
④ 리타던트 탱크를 장착하여 많은량의 리타던트를 운반할 수 있다는 것이다.

군용기 목록은 B-17, PB4Y, PBY, A-26, TBM, F7F, PV-2, P2V, C-119 등이며 오늘날 AFIA내의 상업용 에어탱크 항공단의 중추적 역활을 한다.

근대화 노력으로 1980년대에 에어탱크 사업에서 P-3A와 C-130A 터빈항공기도 추가하였다. 현재는 DC-6, DC-7, KC-97, S-64, CH-54, P-2V,PV-2, SP-2, AT-802, C-54, P3A, G-164 AG-CAT, M-18B이 목록에 포함된다. 14개의 회사들은 우수한 상태로 에어탱크 항공단을 유지하고 경년 항공기이지만 많은 기체 시간이 남아있다.

AAF도 AFIA와 같이 조종사, 승무원, 그들의 가족에 대한 복지를 증진하기 위해 에어탱크 조종사 협회(AAP:Associated Airtanker Pilots)란 명칭으로 1990년 설립하여 에어탱크 조종사 위주로 운영하다가 헬리탱크 조종사 등 다양한 회원을 유지하고자 2012년 명칭을 AAF로 전환하여 안전하고 효율적이 공중진화 환경을 제공하는 방침으로 운영한다.

협회는 항공산불진화 환경의 도전에 대응하기 위해서 항공기 형태의 선정에 관계없이 엄격한 테스트와 검사를 받으며 적시적인 에어탱크 현대화는 정부와 민간업체의 공공협력의 파트너쉽으로 시행한다.

[표 2-8] AAF의 항공기 자산

회사명	기종
Aero Flight	C-4D
Aero Union Corportion	PCA, SP2H, CS4
Airborne Fire Attack	PBY, HU-16T
Ardco, Inc.	DC-4
Downstown Aero	Agcats Dromaders
Flying Fireman	PBY
Hawkins & Powers	C-130A, PB4Y2, P2V
International Air Response	C-130, DC-7
Marsh Aviation	S2, S2T, THU-16, Thrush
Minden Air Corporation	SP2H
Neptune Aviation	P2V
Quebec Government Air Service	CL-215, CL-415, CL-215T
SLAFCO	PBY
TBM-Butler Aviation	C-130A, C-54, DC-6,7

[표 2-9] AFIA의 항공기 자산

구분	회사명	기종
Multi Eng Airtanker	Aero Flite. Inc	C-54E(1), C-54(2), M-18B(1), Aztec(1), Pipecherokee6(1), C-172(지휘기)
	Ardco. Inc	PC-4S(3)
	Aero Union Corporation	P-3S(6), SP2HS(4), C-54S(2)
	Butler Aircraft Company	PC-7S(2), DC-6(1), C-130(1)
	Haw Kins & Pwr Avn, Inc.	PB-4Y2, S14P-2VS(5), C-130(7), C-97S(6), P-2T(1)
	Hirth Air Tankers	PV-2SAirtankers(6) G164B-600Airtanker(1)
	NeptuneAvn Svc,Inc.	Lockheedp-2R(8)
	International Air Response, Inc.	C-130(3), DC-7Airtanker(1) DC-7Sprayers(2)
	T.B.M, Inc.	C-130(2), C-54(1), DC-6(1), DC-7(1), SP-2H(1)
Single Eng Airtanker	Downstown Aero	AG-CATS(13), G-164S(13), C-182(2), C-172(1), C-180(1), PA-23-250(2), M18B(1)
	Queen Bee Air Specialties, Inc.	AT-802F(3),AT-502(2)
Heli-Tanker	Erickson Air-Crane Incorporated	S-64E(16)
	Heavy Lift Helicopter, Inc.	CH-54A(4)
	Evergreen Helicopters, Inc.	S-64E(1), S-61R(1), B-212(1), SA-330(1)
Sustaining Members	Air Tractor, Inc.	AT-802AB, AT-402, AT-502, AT-602(10), B-206(1), Hiller12E(1), Casa212(2), Dornier228(4), C-425, C-340, C-210, C-182, 1C-72(7), Piper(3), Airtractors(2)
	Bighorn Air Ways. Inc.	
	Aqua Air, Inc.	
	Arnold kolb	
	Basler Turbo	
	Lane Aviation, Inc.	
	Precision Eng Corporation	

2.5 항공진화 안전관리

항공기의 공중진화 운영에 있어서 관리자는 항공기 운영자원의 임무수행과 안전관리에 대한 책임이 있다. 따라서 표준적이며 필수적인 자격을 확보하여 항공기 운영의 위험을 감소시켜야 한다. 임무를 명확히 하고 좋은 안전관리의 실천은 각 임무에 대한 계획, 수준 높은 표준화 훈련, 안전을 증가 시키는 항공프로그램을 성공해야 한다. 항공안전관리의 중요 4요소는 안전, 관리, 계획과 평가, 운영으로 세부사항은 [표 2-10]과 같다.

[표 2-10] 안전관리 4요소

Section	Contents
Safety	Training, Airspace, Risk Management, Accident / Incident
Management	Policy, Standardization, Administration
Planning & Evaluation	Budget & AWP, Evaluation, Program Guidance
Operations	Technical Support, Facilities, Fleet Management

(출처: Wildand Fire and Aviation Program Management Operation Guide)

항공안전프로그램의 기본으로 안전관리제도(SMS:Safety Management Systems)를 채용하였다. SMS는 안전정책(safety policy), 위험관리(risk management), 안전보증(safety assurance), 안전증진(safety promotion) 등 4개의 안전관리체계로 구성된다.

SMS는 안전관리를 위해 도입된 제도로서 2006년 국제민간항공기구 (ICAO:International Civil Aviation Organization)에서 제정하여 운항, 정비, 지원분야를 포함한 전 분야의 안전관리를 위한 도구이며 미 연방항공국(FAA:Federal Aviation Administration)에서도 채택하였다.

SMS는 항공안전관리의 전통적인 접근에서 전환 및 증진하는 것이다. 전통적인 안전관리는 원하지 않는 것에 대한 갈등, 무조건적인 명령복종, 오직 개인(Who)에 대한 비난과 책임에 만 관심을 가지고 접근하는 것이다. 그러나 현재의 SMS는 공정문화(just culture)로 합리적이고 공정한 조치로 사전예방을 강조하고 조직의 시스템적 관리와 책임을 주며 실수가 왜(Why)발생하며 무엇(What)을 명확히 관리할 것인가로 접근하는 것이다.

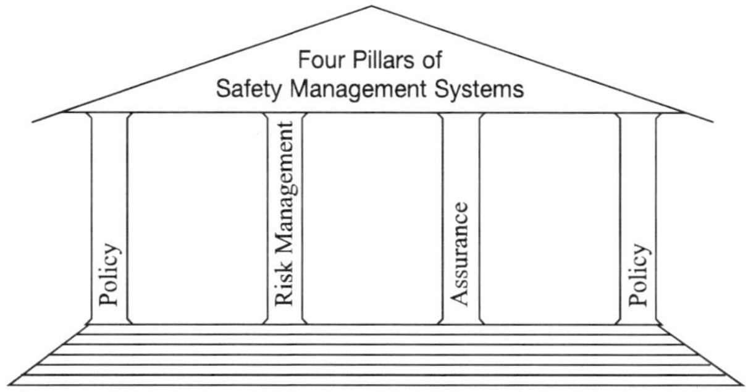

[그림 2-9] SMS 체계도
(출처:Aviation Safety Management Systems, Aviation Safety Summary,USFS, 2014)

SMS의 지향은 사고가 발생하기 전에 해자드(Hazard)를 확인하여 수정된 절차를 배우고 리스크(Risk)를 감소하며 항공안전문화를 증진시키는 것이다. 해자드의 4요소는 방법(Methods), 매체(Medium), 인간(Man), 기계(Machine)이며 항공 헤자드는 다음 사항을 포함한다.

- 정책, 절차, 규정, 지시 등의 위반
- 공중충돌 및 항로이탈
- 생존장비 고장
- 환경조건의 악화
- 부적절한 조종사 절차
- 위험물질의 취급 및 운반
- 비행계획 이탈
- 표준화 된 능력 및 훈련요구사항 미흡
- 부적절한 지상운용
- 연료오염
- 조종사, 승무원, 승객, 지원요원 등의 불안전한 행동
- 산불현장의 장애 물, 전선, 저고도 비행
- 보이지 않는 한 연기 속으로 들어 가지마라. 반대편에 무엇이 있는지 확실히 알아야한다.

이중 무엇보다 산불지역에서 최고의 해자드는 고압선(Powerlines) 이다.

지역의 책임자는 최신의 공중 해자드 맵(known aerial hazard map)을 항상 업데이트하여 조종사에게 제공한다. 리스크 관리는 사고가 발생할 가능성이 있는 해자드를 예방하여 안전을 확보하여 성공적인 임무를 수행하는 것이다. 항공임무는 항상 리스크의 수준을 가지고 있으며 리스크 관리는 5단계 과정이 있다.

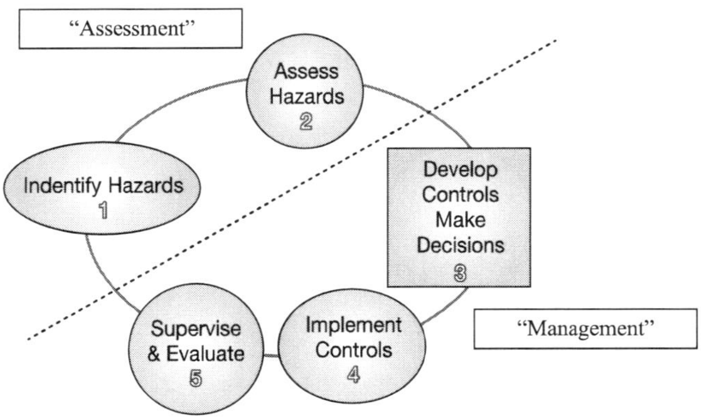

[그림 2-10] 리스크 관리 과정
(출처: Wildand Fire and Aviation Program Management Operation Guide)

① 1단계는 임무수행 시 특별히 관련되는 위험사항을 인지한다.
② 2단계는 잠재적인 사고 발생가능성을 파악하여 위험성을 평가한다.
③ 3단계는 리스크를 감소 및 제거하기 위해 충분한 조정을 하고 최선의 이익을 위해 최소한의 리스크를 결정 한다.
④ 4단계는 교육, 건강, 위험을 회피하는 방법을 조절한다.
⑤ 5단계는 리스크를 감소하고 제거하는 것을 지속적으로 평가하여 표준화 하고 소통과 방법의 개선으로 강력하게 안전을 보장하도록 한다.

1, 2단계는 평가의 단계이며 3, 4, 5단계는 관리의 단계로 볼 수 있다.

항공안전지원팀(ASAT:Aviation Safety Assistance Team)은 항공관리자, 항공작전전문가, 조종사평가관, 정비검사관, 전자검사관으로 편성되며 리스크 관리를 위해 산불공중진화를 하는 고정익 항공기와 헬기는 다음과 같은 17개의 공중경계상황에 대한 요구에 대해서 안전조언 및 브리핑을 한다.

- 꼭 필요한 비행인가?
- 모든 위험사항을 알고있나?
- 교신은 잘되고 있나?
- 개인에 대한 문제는 없나?
- 우선순위는?
- 현장의 임무상황이 긴박한가?
- 어느 회사 소속인가?
- 상황의 변화로 인하여 비행을 중지할 수 있나?
- 혼란은 없나?
- 기상 및 터브란스는?
- 더 좋은 방법은 없는가?
- 조종사의 행동은 정당한가?

- 그 지역에 다른 항공기는 없는가?
- 가이드라인이 무시되거나 지침이 지켜지는가?
- 허가된 운항에서 이탈하지 않는가? 등 이다.
- 조종사는 임무를 접수하였는가?
- 교신이 긴박한가?

종합적으로 산불진화시 안전수칙의 핵심요소는 경계(Lookout), 상황인지(Awareness), 통신(Communication), 퇴로(Escape Route), 안전지역(Safety Zone)이다. 이니셜로 나타내면 LACES 이다. 조종사는 공중진화시 항상 LACES 를 생각해야 한다.

[표 2-11] LACES의 확인 사항

구분	내용
경계(L)	경계, 진입·이탈항로, 안전 공간 파악
상황인지(A)	주변의 기상, 산불행태, 항공기위치 인지
통 신(C)	주파수확인, 상황변화에 따른 변경
이탈항로(E)	1개 이상의 이탈항로 확보, 항공기 기동파악
안전지역(S)	타 항공기와 이격된 안전공간 및 지역확보

(출처:Aircraft Operation Hand Book, Forest Service)

산림청의 '프로페셔널 헬리콥터 파일럿 가이드' 에서는 조종사 개인의 특성과 태도(attitute)는 집과 직장에서 행동하는 자신의 방식에 기본적인 영향을 주는 뿌리 깊은 성격이므로 부적절한 행동이 사고로 이어질 수 있고 개인의 행동은 전문적인 기술보다 다른 요소에 영향을 주며 그것은 표준절차를 이행하지 않거나, 체크리스트를 사용하지 않고 자신감이 충만하거나, 스스로 리더쉽이 우월하다가 생각하여 명시된 절차를 지나친 것을 정당화함으로서 사고를 유발할 수 있으므로 조종사와 항공자원의 사용자는 기술, 지식, 긍정적인 사고가 결합하여 안전한 태도(attitude of safety)로 개인의 태도의 변화를 위한 예방책을 제시하였다.

[표 2-12] 위험태도에 대한 예방대책

태도	예방책
규정위반 "규정은 일부에 해당된다."	"규정을 잘 따라는 것이 옳은 것이다.
충동 "시간이 없다. 즉시 행동한다"	"빠르게 하지마라. 먼저 생각하라"
불사신 "나에게는 일어나지 않는다"	"누구에게도 일어날 수 있다"
능름 "내가 보여줄게. 나는 할 수 있어."	"자랑하는 것은 어리석은 행동이다"
포기 "포기하는데 무엇이 문제있어"	"나는 도울 수 없지만, 다른 방법으로 해볼께"

(출처:Operations and Safety and Procedure Guide for Helicopter, ForestService, 2007,
Proffessional Helicopter Pilot Guide, USDA FS, 1996

CHAPTER

3

한국의 산불항공진화

CHAPTER

3 한국의 산불항공진화

3.1 산불항공진화 운영

3.1.1 항공진화의 역사

우리나라 공중진화체계는 산불의 발생에 따른 산림청의 항공기 도입과 더불어 체계화하면서 발전하여 왔다. 산림청은 최초에 병해충 항공방제를 위하여 헬기를 도입하였다. 1960년대 우리나라의 산림은 대부분 산림병해충과 임목 도·난벌, 화전경작, 산불 등으로 인해 매년 큰 피해를 봤다. 5.16 군사혁명 이후 산림병해충의 경우 1961년부터 1970년도 까지 연평균 573천ha가 발생하였고 1964년도에는 890천ha가 발생하여 산림의 13%가 산림병해충으로 막대한 피해를 입었다. 1967년 산림청이 발족되어 병해충 산림피해를 방지하고자 1968~1969년 경제기획원에 헬기 구입을 요구하였으나 반영되지 못하고 1971년도 예산이 반영되어 동년 1월 28일 산림청 훈령 제50호에 의하여 항공대 규정이 제정되어 동년 4월1일 「산림항공대」를 창설하여 처음으로 Bell Helicopter사의 Bell-47G(2대), Bell206B (1대)헬기 3대를 도입하였다.

창설이후 1970년대 후반까지는 산림병해충 방제를 위한 약살포가 주 임무이었고 1979년도부터 산불예방 및 계도활동에 헬기를 소극적으로 운용하였다. 1981.3.19일 양재동 부근에서 발생한 산불을 Hughes-369 헬기에 밤비바켓을 장착하여 최초로 항공진화를 하였다. 산불항공진화가 시작되면서 1985년에 물 탑재량이 많은 중대형급 Bell412 헬기 1대를 도입하여 항공진화의 효율성을 다소 확보하고 1980년대 후반 산림병해충 방제와 산불진화에도 겸용으로 운용할 수 있는 중형급 B-206L3 기종을 1988~1992년까지 10대를 도입하였다.

1990년대 들어서면서 2차 치산녹화사업의 성공적인 추진으로 산림이 울창해지고 산림내의 가연성 물질이 증가하여 산불발생이 빈번하고 대형화되자 항공진화업무를 확대하여 1991.5.31일 「산림항공대」를 「산림항공관리소」로 개편(대통령령 제13,381호)하였다. 이후「산림항공관리본부」(2006.7.27)로 개칭하고 현재의 「산림항공본부」(2010.10.18)로 기관 명칭을 개칭하였다.

「산림항공관리소」로 개편후 1992년부터 프랑스 Euro Copter사의 AS-350B 중형헬기 4대를 도입하여 가까운 담수지에서 최초로 스노클링 시스템으로 물을 급수하여 진화효율성을 증대하였다. 또한 대형헬기의 도입을 추진하여 1992년 러시아 「Kumertau Aircraft Production Enterprise」에서 제작한 Ka-32T 기종이 선정되었다. 이 헬기는 테일로타(tail rotor)가 없이 메인로타(main rotor)만 있는 헬기로 안정성과 마력이 우수하고 미국「Simplex」사에 물탱크(Belly Tank) 제작을 의뢰하여 부착하였으며 1993.12.29일에 최초로 2대를 도입하였다. 1994년부터 정부의 대러시아 경협차관의 원리금 상환협상과 연계하여 24대를 도입하여 현재 산림청의 주력 헬기로 29대를 운용하고 있다. 대형산불에 효율적인 Ka-32T 헬기의 확충에도 불구하고 1996년 4월 고성산불(피해면적 3,762ha)과 2000년4월 동해안 지역 산불(피해면적 23,794ha) 등 동해안 산불은 한반도 유사 이래 최대의 산불로 기록되면서 산불예방에 대한 국민들의 인식을 일깨우는 계기가 되었을 뿐만 아니라 Ka-32T 헬기보다 물탑재량이 많은 강력한 헬기의 필요성이 제기되었다.

따라서 2002.1.25일 세계적으로 유일하게 공중진화 전문헬기로 재제작한 미국 Erickson Air-crane Inc의 S-64E헬기 1대를 도입하고 이후 7대를 추가로 도입하였다.

헬기에 의한 공중진화의 극대화를 위하여 많은 헬기가 도입되고 동시에 산불을 감시 및 조기탐지 하여 대형산불 방지를 위해 1995.8.22일 미국 Mooney Aircraft Corporation의 단발엔진 M20R 경비행기를 도입 및 운용하여 체공시간은 6시간 30분으로 유리한 점이 있으나 강풍에는 약했다.

[그림 3-1] M20R 고정익 정찰기

그래서 2001.12.28일 체코 LET(LZ Aeronautical Industries Inc)의 쌍발엔진 L410 UVP 비행기를 도입하여 운영하였다.

[그림 3-2] L410 UVP 고정익 항공기

그러나 진화헬기 대수가 대폭 증가하고 전국을 8개 권역(강릉, 원주, 진천, 안동, 익산, 영암, 양산, 2008년 기준 10개 권역)을 나누어 헬기가 산불감시 및 조기탐지를 하여 초동진화를 하는 것이 더 효율적이었다.

M20R 기종은 1995~2009년까지 운용하여본 결과 연평균 운항시간이 10여 시간에 불과하고 산불감시의 실효성이 미흡하였다. 또 2013년에 산불무인감시카메라가 전국에 많이 설치(991대)설되고 산불감시원 1만2천명이 배치되어 비행기의 역할이 감소되어 운용을 중지하고 2012년에 매각하였다. 더불어 L410 UVP 기종은 한국교통대학교에 교육용으로 기증하였다.

[표 3-1] 기종별 산림청 헬기 대수(2024)

항공기	합계	S-64E	Ka-32T	AS-350B	B-206L3	KUH 1FS
대수	48	7	29	4	7	1

KA-32

- 제작사 : 러시아 KUMERTAU
- 탑승인원 : 18인
- 엔진 : 2,200×2Hp
- 순항속도 : 200km/h
- 체공시간 : 3시간 10분
- 인양능력 : 5,000kg
- 물/약 적재량 : 3,000/2,000 L

AS350

- 제작사: 프랑스 EUROCOPTER
- 탑승인원 : 6인
- 엔진 : 732Hp
- 순항속도 : 245km/h
- 체공시간 : 3시간 20분
- 인양능력 : 1,150kg
- 물/약 적재량 : 800/500 L

Bell 206

- 제작사 : 미국 BELL
- 탑승인원 : 7인
- 엔진 : 650Hp
- 순항속도 : 180km/h
- 체공시간 : 3시간 20분
- 인양능력 : 821kg
- 물/약 적재량 : 600/400 L

S-64E

- 제작사 : 미국 ERICKSON
- 탑승인원 : 5인
- 엔진 : 4,500×2Hp
- 순항속도 : 178km/h
- 순항시간 : 2시간 30분
- 인양능력 : 5,000kg
- 물 적재량 : 8,000 L

KUH-1FS

- 제작사 : 한국 KAI
- 탑승인원 : 14인
- 엔진 : 1,855×2Hp
- 순항속도 : 241km/h
- 체공시간 : 3시간
- 인양능력 : 2,722kg
- 물/약 적재량 : 2,000 L

[그림 3-3] 산림청 헬기제원

3.1.2 유관기관 및 임차헬기 항공진화

1. 유관기관 진화헬기

지자체의 소방본부가 보유한 소방헬기와 군에서 지원하는 헬기가 있다. 중앙구조대(5대), 광역시 소방항공대(12대), 도 소방항공대(14대)로 소방헬기 31대가 있으며 국립공원관리공단(1대), 경찰(10), 군(29대)가 지원한다. 따라서 산불시기에는 유관기관에서 71대가 투입 된다.

[표 3-2] 소방헬기 댓수

구분	합계	중앙	서울	부산	대구	인천	광주	울산	대전	경기	강원	충북	충남	전남	전북	경남	경북	제주	국립공원
대수	31	5	3	2	2	2	1	1	1	(3)	2	1	1	2	1	1	(2)	1	1

(출처:소방청 홈페이지)

[표 3-3] 소방헬기 기종

구분		합계	기종(대수)
		31	
중앙 119		5	AS-365N2(2), H-225(3)
광역시	서울소방	3	AS-365N2(2), AW-189(1)
	부산소방	2	AW-139, BK-117B2
	대구소방	2	AW-169, KA-32T
	인천소방	2	BELL-230, AW-139
	광주소방	1	BK-117B2
	울산소방	1	KA-32T
	대전소방	1	BK117C(임차)
도	경기소방	3	(KA-32T(1)), AS-365N3(1), AW-139(1)
	강원소방	2	AW-139
	충남소방	1	AW-139
	충북소방	1	BK-117C2
	전남소방	2	AW-139, BELL430
	전북소방	1	BK-117B2
	경남소방	1	AS-365N3
	경북소방	2	(KA-32T), AS-365N3
	제주소방	1	KUH-1EM
국립공원		1	KA-32T

(출처:소방청 홈페이지)

2. 지자체 임차 진화헬기

지자체 임차 진화헬기는 산불발생 기간에 한 지역에서 상시 대기 하므로 즉각 출동(골든타임 30분)으로 조기 진화하여 산불대형화를 방지하는 것이 목적이며 장점으로 산불감시 및 계도비행을 함으로서 산불예방에 기여하고 해당 지역의 지형에 익숙하여 후속 지원하는 산림청 및 타 헬기에 대한 저수지 및 장애물 등의 정보 제공이 용이하고 산림청 헬기의 전진배치 공백을 보완한다.

지자체 임차 진화헬기는 1997년 경남(9대), 경북(5대) 총14대로 시작하여 2024년 이후 현재는 서울, 인천, 광주, 제주를 제외하고 전 지자체에서 운용을 하고 지자체에서는 2024년 현재 12개 민간항공사에서 76대를 임차하여 운용하고 있으며 경기(15대), 강원(8대), 충남(5대), 충북(4대), 전남(8대), 전북(3대), 경남(7대), 경북(19대) 부산(2대), 대구(4대), 울산(1대)로 경북이 가장 많이 운영한다. 2000년부터 2010년까지 평균 41.5대, 2011년부터 2020년까지 평균 58.4대, 2022년부터 2024년 까지 평균 75대로 10년 마다 17대가 증가하므로 이는 산불이 점차 증가하고 있다는 수치이다.

[표 3-4] 년도별 지자체 임차헬기 현황

구분	'11	'12	'13	'14	'15	'16	'17	'18	'19	'20	'21	'22	'23	'24
합계	50	50	50	50	53	68	64	65	66	68	67	74	75	76
서울	–	–	–	–	–	–	–	–	–	–	–	–	–	–
부산	–	–	–	–	–	–	–	–	–	–	–	–	2	2
대구	3	3	3	3	3	3	3	3	3	3	3	3	3	4
인천	–	–	–	–	–	–	–	–	–	–	–	–	–	–
광주	–	–	–	–	–	–	–	–	–	–	–	–	–	–
울산	1	1	1	1	1	1	1	1	1	1	1	1	1	1
경기	17	17	17	17	17	20	20	20	20	20	20	20	19	15
강원	6	6	6	6	6	6	6	6	6	6	6	9	9	8
충남	2	2	2	2	2	2	2	2	2	3	2	3	3	5
전북	3	3	3	3	3	3	3	3	3	3	3	3	3	3
전남	2	2	2	2	2	7	7	7	7	8	8	8	8	8
경북	9	9	9	9	12	14	15	16	16	15	14	17	17	19
경남	7	7	7	7	7	7	7	7	7	7	7	7	7	7
충북	–	–	–	–	–	–	–	–	1	2	3	3	3	4

(출처:산림청 임차헬기 년도별 현황 2024)

헬기임차비용은 「광역시비 50%, 구·군비 50%」, 「도비 30% 구·군비 70%」, 「시비 30% 구·군비 70%」로 부담한다.

임차기간은 대부분 봄, 가을철 산불기간에 하며 산불상황에 따라서 초여름까지 연장 할 수도 있다.

[표 3-5] 자자체별 헬기 임차금액(2024)

지역	합계	대구	울산	부산	경기	강원	충남	충북	전북	전남	경북	경남
임차료	305억	28억	9억	16억	103억	75억	35억	23억	23억	61억	163억	85억

(출처:단비뉴스. 2024.7.23)

임차헬기는 대형(5,000L 이상)은 없으며 중형(1,000L 이상~5,000L 미만) 49대, 소형(1,000L 이하) 27대가 전국에 배치된다. 중형헬기는 7개 기종, 소형헬기는 6개 기종으로 13개 기종이 임차되며 그 중 지자체에서 가장 많이 임차한 헬기는 S-76 기종으로 23대이며 다음으로 AS-350 기종으로 14대이다. 벨리탱크 운용은 8대이며 대다수 헬기 68대는 밤비바켓으로 산불을 진화한다.

[표 3-6] 기종별 임차헬기

항공기	중형							소형					
	Ka-32T	S-61N	B-214	S-76	BELL-417	S-58T	107-II	AS-350	BELL-206	BK-117	BO-105	BELL-407	AS365-N
대수	7	7	5	23	1	5	1	14	4	2	5	1	1

(출처:산림청 임차헬기 현황 2024)

임차헬기는 지역별로 산불발생시 소규모 산불에 대한 초동진화의 효과는 있으나 진화능력초과로 인한 산불 확산 시에는 산림청 헬기를 요청한다.

산림청 헬기와 임차헬기와의 원활한 합동진화의 실질적인 통합지휘 및 공조가 필요하다. 이를 위하여 매년 1회 봄 산불 조심기간 전에 회의 및 교육을 실시하며 최초의 합동진화회의는 2001.10.25일 산림청에서 실시하였다.

[표 3-7] 항공회사별 임차헬기현황(2024)

구분	항공회사	대수	중형	소형
합계		76	49	27
1	홍익항공	12	BELL-214(2)	AS-350(8) BK-117(1) BEL-L206L3(1)
2	더 스카이	8	S-76(6)	BELL-206L(2)
3	헬리코리아	8	KA-32A(3) BELL-214(3) BELL-417(1)	BELL407(1)
4	에어팰리스	6	S-61N(1) S-76A(4)	BK-117(1)
5	세진항공	8	S-76(3)	BO-105S(5)
6	대진항공	4	KA-32T(1) 107-Ⅱ(1)	AS-350(1) BELL206(1)
7	에어로피스	5	S-61N(4)	AS-365N(1)
8	글로리아항공	5	S-76(5)	
9	이엔비에어	6	KA-32A(1)	AS-350B2(5)
10	유비에어	2	KA-32A(2)	
11	트랜스헬리	5	S-58JT(5)	
12	우리항공	7	S-76B(5) S-61N(2)	

(출처:산림청 임차헬기 현황 2024)

3.2 항공진화기법의 발전

우리나라 공중진화기법은 대형 산불의 발생에 대응하기 위하여 산림청 산림항공본부의 항공기 대형화 및 공중진화제도의 확립으로 발전하였다.

3.2.1 항공진화기술의 발전과정

1. 항공진화기술 1세대

우리나라의 공중산불진화 기술은 중·소형헬기에서 Ka-32T 대형헬기와 S-64E 초대형 헬기가 도입이 되면서 급격히 발전되었다고 할 수 있다. 1980년대부터 산불의 규모가 커지는 양상을 보이면서 1981.3.9일 H-500D 소형헬기에 의한 최초의 산불진화 이후에 1993.12.29일 Ka-32T 대형헬기를 도입하는 시점을 기준으로 1981~1993년까지를 공중진화기술의 1세대로 볼 수 있다.

이 기간에는 중·소형헬기를 각자의 조종능력 수준과 진화경험을 축적하면서 나름대로의 산불을 진화하였다. 즉 표준화된 공중기술이 없이 중·소형 헬기를 운용 하였던 기간을 공중진화기술의 1세대로 한다.

2. 항공진화기술 2세대

공중진화기술 2세대는 Ka-32T 헬기 최초 도입이후 1999년까지 6년간 20대를 대량으로 도입하였고 2000년에 23,794 ha의 산림손실을 입은 동해안 초대형산불이 발생한 시기를 정점으로 하여 1994~2000년까지를 공중진화기술의 2세대로 한다.

Ka-32T 헬기 도입이후 물 탑재량이 많은 헬기를 운용하여 진화효과 면에서 우수하였으나 2000.4.7일부터 15일까지 지속 되었던 동해안 초대형산불시 민·관·군 등에서 많은 헬기가 참여하였을 때 체계적이고 효율적인 공중진화작전이 미흡하여 항공기간 충돌위험 등 안전위협이 증대하였다. 즉, 하드웨어는 강하였으나 소프트웨어가 약한 부분이 노출이 된 것이다. 따라서 이 기간까지를 공중진화기술 2세대로 한다.

3. 항공진화기술 3세대

2000년 동해안 초대형산불시 산림청·소방·군·민간 항공은 각 기관별 독자적인 헬기운용으로 공중충돌위험이 증대하여 산림청과 산림항공관리소가 합동지휘통제기 운용을 제안하여 2000.5.30일 산림청 산불방지과, 산림항공관리소, 육군본부 작전처, 육군1,2,3군 항공과, 항공작전사령부 작전과 등 관계관이 관·군 공중진화합동회의를 최초로 개최하였다.

회의 안건에서 공중진화 지휘·통제의 지휘권 문제에 있어서 산림청과 육군이 팽팽한 논의 속에 결국 산림청이 지휘·통제하는 것으로 결론을 내렸다. 이후 세부적인 실무협의를 거쳐 동년 10월 31일 산림청 훈령 제716호 산불관리통합규정 제17조(항공지휘반설치 등)를 신설하여 민·관·군 합동 공중진화시 산림청이 지휘통제기를 운용하여 공중지휘·통제하는 것을 법제화 하였다.

2000년에 신설한 항공지휘반운용을 공중진화에 적용한 것은 2001년부터이다. 2001.3.27일 법제화 된 지휘통제기 운용에 대한 협조회의를 항공작전사령부에서 하였으며 동년 3월~6월까지 민·관·군 합동 항공진화시 산림청이 최초로 공중지휘통제기 운용을 실시하였다.

그러나 제도의 미 정착으로 인하여 2001.5.17일 안동지역 산불현장에서 공중지휘·통제권을 이탈한 헬기와의 공중충돌을 피하려다 급격한 기체의 자세상실로 인하여 헬기가 추락하여 3명의 승무원이 사망하였다.

이로 인하여 동년 6.28일 산림청과 산림항공관리소는 항공안전관리 및 공중진화지침(SOP)를 제정하여 공중진화의 안전성을 강화하도록 하였으며 동년 7.9일 국무총리 안전관리개선기획단에서 헬기 안전운항 확보를 위한 관계기관 대책회의를 하였고 동년 10.9일 산림청, 육군본부, 항공작전사령부가 효율적인 공중진화를 위한 진화헬기 운용대책을 토의하였으며 동년 10.25일 산림청, 산림항공관리소가 육군항공, 해군, 공군, 소방항공, 경찰항공, 국립공원관리공단항공, 민간임차헬기 조종사 40여명에게 공중진화시 헬기 안전운항에 관한 교육 및 회의를 최초로 실시하였다.

또한 2002.11.11일 산림항공관리소는 산불공중진화매뉴얼을 발간하여 공중진화기술의 표준화를 도모하였고 2005.10월 법제화한 항공지휘반, 공중지휘통제기 운용을 비롯한 각 지원부서의 역할까지 총괄한 항공지휘반운영 매뉴얼을 제정함으로서 공중진화의 효율성과 안전성의 틀을 갖추었다.

이렇듯 소프트웨어적으로 공중진화시 공중지휘통제 개념이 확정되고 법적인 제도화를 통하여 체계적이고 효율적인 항공기술을 적용하기 시작한 2001년부터라고 할 수 있으며 또한 하드웨어도 업그래이드 하였다.

즉, 동해안 초대형 산불을 경험한 후 기존의 대형헬기 Ka-32T의 확충에도 불구하고 보다 물 탑재량이 많고 기동성이 월등한 헬기의 필요성이 증대하여 산림청은 2000.4.20일 대형산불 방지대책을 박태준 국무총리에게 보고하였다.

이후 에어탱크 3기종과 헬기 3개 기종을 검토하여 그중에서 세계적으로 유일하게 공중진화 전문헬기로 제작된 S-64E 헬기를 선정하여 계약상 임차로 2001.4. 15~5.15일 까지 운용하였고 2002.1.25일 최초로 도입하여 동년 2.22~5.3일까지 산림청 헬기로서 처녀 공중진화를 하였다. 그리고 2005.4.5일 양양산불로 인하여 국보급인 낙산사가 소실되어 조연환 산림청장의 지시로 방화선을 설치하는 간접진화제(지연제) 도입을 추진하여 간접진화제 혼합시스템을 개발 하여 특허를 출원하였고 2006.4.4일 강릉관리소에 구축하였다.

또한 2009년 장기간 계속되는 겨울가뭄으로 인하여 산불이 예년보다 4배, 전년보다 6배 증가하여 3~4월 산불다발기기에 취수원이 부족할 경우 바닷물을 이용한 공중진화를 하고자 동년 1.27일 산림청장이 S-64E헬기에 저수지, 강 등에서 사용하는 펀드스노클(Pond Snorkel)대신에 바닷물을 담수할 수 있는 시스노클(Sea Snorkel)을 장착하여 운용할 것을 지시하여 미국 에릭슨사에서 도입하여 동년 2월초에 장착하였다. 이렇듯 2001년 이후부터는 하드웨어적인 성장도 병행하였다.

따라서 공중진화기술 3세대는 대형산불이 많이 발생하였고 헬기사고도 발생함에 따라 공중진화의 안전성 및 효과성 향상을 위한 대응책으로서 소프트웨어와 하드웨어가 급속히 성장하고 동시에 산불현장에 적용한 공2001~2023년까지의 기간이라고 할 수 있다.

4. 항공진화기술 3.5세대

2022년 울진 대형산불로 인하여 S-64E 헬기보다 물 탑재량이 많은 헬기의 필요성이 증대하여 미국 군용헬기 CH-47 민간 형식증명인 M-234 1대 도입을 계약하여 2025년에 도입예정이며, 우크라이나 러시아 전쟁으로 인하여 주력헬기인 Ka-32T 헬기의 부품수급이 원활하지 못하여 10대의 항공기가 운영이 불가하여 2024년 도입예정인 M-234헬기 5대(임차기간:‘24.2.10~5.10)와 유로콥터 AS-332헬기 3대(임차기간:’24.2.1~5.31)를 해외 임차하여 산불진화에 운영하였다. 따라서 2024년부터 항공진화의 해외임차와 기종 탑재량이 증가하여 저자는 기술 3.5세대로 임의로 지정하며 차후 M234 헬기 도입 이후 세대 변경을 하고자 한다.

3.2.2 항공진화 지휘 및 통제

2000년 동해안 산불이후 민·관·군 합동공중진화 시 지휘통제의 다원화로 인하여 헬기 운용의 혼선을 초래하여 진화효율성 저감 및 공중충돌의 위험이 상존하였다. 즉 지상지휘본부(산림청상황실+현장산불대책지휘본부)의 통합지휘통제기능의 작동이 미흡하였으며 특히, 각 기관별 헬기의 증강투입으로 인한 통합 공중지휘통제의 문제가 심각하였다.

이유는 다음과 같다.

① 지상지휘본부의 국지적 상황파악과 진화헬기에 의한 상황보고의 미흡으로 산림청 상황실에서 전반적인 산불현장의 상황파악이 부족하여 비효율적으로 헬기를 투입하였으며

② 다수의 헬기를 운용함으로서 헬기 공중충돌위험이 상존하였고

③ 산림청헬기 외 민·군 헬기는 헬기성능 및 산불진화능력의 차이로 한 지역에서 진화작전시 공중진화 효율성이 저하되었으며

④ 헬기 및 지상요원과의 무선통신 복잡화로 통제가 미흡하였고

⑤ 증강되는 헬기투입에 따른 계류장 확보, 급유차, 소방차 지원 등 신속한 후속지원 조치가 미흡하였다.

따라서 개선방안으로 다음과 같다.

① 지상 지휘본부의 지휘 및 통제기능을 보완하기 위하여 현장에 공중지휘통제기를 운용하여 헬기에 의한 전반적인 상황파악으로 긴밀한 연락체계를 유지하고

③ 진화헬기 합동운용 시 산림청 공중지휘통제에 의한 통합지휘로 기관별 제대별로 구역할당 및 공중공간관리로 헬기공중충돌 위험을 방지하며 합동산불시 헬기 공통주파수를 선정하여 하도록 하였고

④ 증강되는 헬기운용에 따른 신속한 후속대응 조치를 위해 지상지휘본부의 민·관·군 협조망 구성을 체계화 하였다.

1. 산림항공 공중지휘 및 통제 체계

공중지휘 및 통제 개선으로 2000.10.31일 산림청 훈령 제716호 산불관리통합규정 제17조(항공지휘반설치 등), 2001.6.28일 공중진화지침(SOP), 2005년 10월 항공지휘반 운영매뉴얼 등의 지침으로 확립하였다.

항공지휘반 용어는 2006.8.4일 산림청 훈령 제864호 산불관리통합규정 제15조에서 공

중지휘반으로 수정하였고 다시 2010.3.10일 동 훈령 제1044호 동 규정 제26조에서 공중진화반으로 변경하였다.

공중진화반 추진경과(요약)

- 2000.05.30. 산불진화회의(육군본부)
  - 최초 합동지휘통제기운용 제안 및 공감대 형성
- 2000.10.31. 산림청 훈령 제176호 산불관리통합규정 개정
  제17조(항공지휘반 설치 등)신설
  - 항공지휘반 운영 및 지휘통제기 운용 법령화
- 2001.03.27. 산불진화회의(육군항공작전사령부)
  - 산림청 지휘통제기 운용시 육군항공과 협조사항 논의
- 2001.03~06. 민·관·군 합동산불진화
  - 최초 지휘통제기 운용
  (2001.05.17. 안동산불시 통합지휘망 이탈로 공중충돌회피사고 발생)
- 2001.06.28. 항공안전 및 공중진화운영절차 마련(산림청)
  - 항공안전관리 및 공중진화지침(SOP)제정
- 2004.09~10. 산불방지현장 통합지휘체계 구축계획 선정
  - 산림정책 5대과제 로드맵으로 추진(2005~2008)
- 2005.10. 공중진화반 운영 매뉴얼 개발
- 2009.01. 공중진화반 운영 매뉴얼 수정 및 보완

* 산림청 훈령 제864호 산불관리통합규정 제15조에서 '공중지휘반'으로 용어 변경(2006.08.04. 항공지휘반 → 공중지휘반)
* 산림청 훈령 제1044호 산불관리통합규정 제26조에서 '공중진화반'으로 용어 변경(2010.03.10. 공중지휘반 → 공중진화반)

공중진화지휘 기본방향은 산불상황 단계별 임무 및 행동요령을 구체화하여 현장 적응성을 강화하며 공중진화반 및 지휘통제기의 원활한 운영으로 현장 통합공중지휘체계를 확립하여 공중충돌예방 및 진화효율성을 극대화하고 현장의 상황에 따라 탄력적인 공중진화반 매뉴얼 운영으로 신속한 대응체계를 확립하는 것이다.

공중진화반 및 지휘조종사는 진화계획을 염두판단으로 목표를 설정하고 달성할 수 있도록 자원을 배분한다. 공중진화계획 수립과 공중진화 운영절차는 다음과 같으며 연속적인 반복의 개념이다.

공중진화반장은 산불현장지휘본부와 유기적인 협조체제 유지, 산불진화 헬기 운용계획 수립 및 시행, 헬기출동 유관기관과의 헬기 운용 및 공역관리 협의, 지상진화계획과 연계된 합동공중진화 수행, 단일 지휘체계에 의한 통합지휘기 운용, 즉각적인 현장정비감독 및 보급지원 유지, 급유 및 계류장 확보 등에 관한 사항 조치, 기상파악 및 비행임무 결정 등을 수행한다. [그림 3-4]는 공중진화반의 상황평가→진화계획→진화명령까지의 변화하는 반복과정이다.

상황평가
- 현장상황분석
  - 화세판단
  - 풍향, 풍속, 지형 파악
  - 화재 진출방향 예측
- 진화목표 도출

진화계획
- 진화전략수립
  - 진화자원 확보
  - 진화자원 배치
  - 공지합동전술
  - 공역관리
  - 후속지원
  - 돌발사태계획
- 계획의 구체화

진화명령
- 임무부여
  - 지혁할당
- 협조, 확인, 감독
  - 착륙장
  - 연료보급지원
  - 비행계획인가
  - 후속지원계획
- 정보의 최신화
  - 명령의 수정

[그림 3-4] 공중진화계획수립 절차
(출처:항공안전관리 및 공중진화지침, 산림청, 2001)

공중지휘통제기 조종사는 산불현장의 상황 및 지형 등을 고려하여 산불진화를 위한 진입 이탈로 및 비행장주의 선정, 민·관·군 헬기의 공역분리 협조 및 통제, 진화의 우선순위를 고려하여 헬기를 투입, 헬기별 진화구역 할당 및 담수지를 지정하여 탄력성 있게 통제한다.

또한 일몰시간을 고려한 공중진화 상황종료 여부를 판단하여 헬기 복귀 및 착륙장소를 확인 후 전 조종사에게 통보하여야 한다. 일몰 후 공중지휘통제기 조종사는 지역 산불대책본부와 협조하여 항공기 보안과 차후 진화대책을 협의하고 진화계획을 수립한다.

[그림 3-5] 는 공중지휘통제기의 상황판단→결심→대응→진화완료시까지 반복과정이다.

상황판단
- 공중지휘반의 지휘 명령수령에 따른 구체적인 상황판단
- 변화된 상황판단

결심
- 진화전술/방법 선택
  - 직접진화
  - 간접진화
- 진화지역 조정

대응
- 진화실시
  - 현장지형 파악
  - 풍향, 풍속 고려
- 지속적인 공중/공간 경계
- 우발사태시 즉각 대응

[그림 3-5] 공중진화 임무 절차
(출처:그림 3-4와 동일)

공중지휘통제기는 각 그룹의 선임조종사 또는 각개의 조종사를 지휘통제 하며 각 그룹은 자체의 조종사를 통제 한다. 공중지휘통제는 공통재난 주파수를 사용하며 각 그룹은 그룹 자체의 주파수를 사용한다. 공중진화 중에 조종사는 불필요한 교신을 피하여 지휘통제의 혼선을 방지한다.

『산림보호법』 제38조(산불현장 통합지휘본부의 설치·운영) 및 동법시행규칙 제33조(산불현장 통합지휘본부의 구성·임무 등) 의하여 유관기관 헬기는 산림청 지휘통제업무 수행과 관련한 협조요청에 특별한 사유가 없는 한 협조할 의무가 있다. [그림 3-6]은 공중지휘통제기 운용 입체도이다.

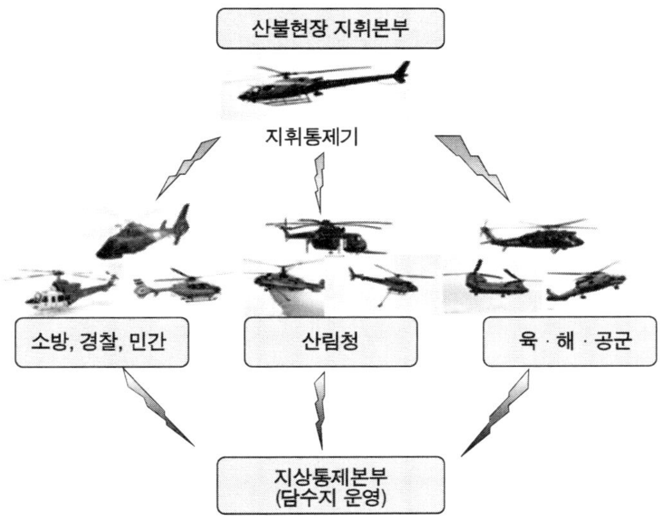

[그림 3-6] 공중지휘통제기 운영체계도

(출처:그림 3-4와 동일)

2. 단계별 공중지휘통제 운용

상황에 따른 헬기 출동 및 배치 시 지휘통제기 조종사는 상황실에 수시로 산불상황 및 공중진화율을 보고하여 추가적인 헬기 지원과 차후의 공중진화작전을 사전에 구상하며 [표 3-8]은 공중지휘통제기 상황단계별 조치이다.

[표 3-8] 공중지휘통제기 상황 단계별 조치사항

상황단계별 / 출동대수		조치사항
산불상황접수		· 항공기 출동대수 결정 · 출동기지 결정
현장도착		· 최초 상황보고 · 투입헬기 증원 판단 및 요청
산림청 단독진화	5대 이하	· 지휘통제기 운용 · 산불확산여부 판단 · 공중진화반 구성 요청
	6~10대	· 권역 공중진화반 구성 · 지휘통제기 운용
	11대 이상	· 광역 공중진화반 구성 · 전임지휘통제기 운용
민 · 관 · 군 합동진화	5대 이하	· 통합지휘통제기 운용 · 산불확산여부 판단 · 공중진화반 구성 요청 · 타 기관과 통합지휘통제 협조
	6~10대	· 권역 공중진화반 구성 · 통합지휘통제기 운용 · 타 기관과 통합지휘통제 협조
	11대 이상	· 광역 공중진화반 구성 · 통합지휘통제기 운용 · 타 기관과 통합지휘통제 협조
잔불정리		· 헬기 철수 및 재배치 · 뒷불감시 및 예비헬기 대기
야간산불		· 야간산불로 연장시 사전계류장 확보 · 연료 및 보급지원 후속조치 · 익일 진화계획 수립 및 지시

(출처:공중진화운영 매뉴얼, 산림항공관리소, 2005)

2022년 4월 울진·삼척 산불이후 산림항공본부는 미국 캘리포니아 소방항공 현지 견학을 한 후 미국의 항공진화 체계를 일부 벤치마킹하였다.

광역 공중진화반 지휘통제기 운영을 해당권역 선임기장이 하였던 것을 미국 교관에 의해 교육받은 조종사를 공중통제관(이하 ACC:Air Control Commander)로 임명하여 임무를 수행하도록 하였다.

[표 3-9] 권역 공중진화반과 광역 공중진화반의 차이

구분	권역 공중진화반	광역 공중진화반
반장	권역별 산림항공관리소장	산림항공본부장
운영 시기	**초기대응~산불 2단계**	**산불 3단계 이상 (필요시 2단계)**
공중 통제	**해당 권역 선임기장**	ACC
지상 통제	권역 항공정비사	GSC

(출처:대형산불공중진화 핸드북, 산림항공본부, 2023)

2023년 이후 산불 단계별 대응 절차는 [표 3-9]과 같다.

[표 3-10] 산불 단계별 대응 기준

구분	초기대응	확산대응		
대응단계	-	**산불 1단계**	**산불 2단계**	**산불 3단계** (대형산불)
지휘권자	관할 시·군·구 및 국유림관리소장			시장·도지사
피해면적	10ha 미만	10~50ha 미만	50~100ha 미만	100ha 이상
기상	3m/s 미만	3~7m/s 미만	7~11m/s 미만	11m/s 이상
진화시간	5시간 미만	5~10시간 미만	10~48시간 미만	48시간 이상
항공자원	관할 100%	관할 100% 인접 50%	관할 100% 광역 100%	전국 진화헬기 (필요시)
공중통제(ACC)	최초 투입기장	권역 선임기장 또는 공중통제관	권역 선임기장 또는 공중통제관	공중통제관

(출처:대형산불공중진화 핸드북, 산림항공본부, 2023)

3. 유관기관과의 공중진화 공조대책 강화

무더위와 건조일수의 증가로 봄철에 동해안을 중심으로 발생하던 대형산불이 계절구분 없이 여름철에도 발생하고 전 지역으로 확산될 가능성이 높아지고 있다. 따라서 산림청에서는 2011년 산불대응 핵심 축인 '산불예방'과 '현장진화'에 대한 산불대응 내부역량을 진단한 결과 상대적으로 미흡한 요소를 도출하여 대응능력의 균형화(balance) 및 상호 시너지 효과 증대를 모색하고 있다.

진단결과 [표 3-11]과 같이 공중진화 역량(장비, 시스템)이 지상진화 역량보다 강한 것으로 나왔다. 최근 10년간의 공중진화율도 79%로 나왔으며 점차 상승 추세에 있는 것으로 본 책자 앞장에서 분석하였다.

[표 3-11] 공중진화 역량 분석

구분	산불예방	공중진화	지상진화
인력	90%	80%	90%
장비 및 시설	46%	70%	53%
운영 시스템	61%	83%	25%

(출처:전국 산불방지 대책, 산림청, 2012~2016)

또한, 앞장의 기관별 헬기 투입현황의 분석에서와 같이 2004~2012년 까지의 유관기관과의 합동진화 건수는 39%(1,113건)이며 투입된 헬기대수는 60%(5,135건)로서 역시 유관기관과의 합동진화가 많다.

가. 유관기관 공중지휘통제 향상

산불현장의 일사불란한 대응체계 구축을 위한 통합지휘체제 확립은 유관기관과의 지상 및 공중의 협조로 이루어지며 특히, 공중진화는 기관 및 민간헬기와의 일원화된 공중지휘통제의 공조를 확립하는 것이 공중진화의 안전성(Safe), 효율성(Effective), 효과성(Efficent)을 달성하는 최선의 전략이다. 그러나 산불기간 초기단계에 통합지휘권자의 혼선으로 유관기관과의 협조 및 현장 지휘체계, 상황관리 등 통합지휘본부 운영이 원활하지 않아 현장 대응이 미흡한 경우가 있었다. 특히, 산불이 2개 이상의 자자체에 걸쳐서 발생하거나 확산하는 경우 지역 이기주의적 성향으로 인하여 경계선 구분 없이 확산되는 산불에 대한 대응능력이 저하되므로 상호 긴밀히 협력하여 통합지휘를 해야 한다.

매뉴얼에 의해 공중진화반장은 지상 통합지휘권자와 긴밀한 협조를 하여 공중지휘통제기를 운영하고 동시다발 산불발생시 신속한 기동성이 장점인 공중진화의 효율성을 높이기 위한 항공진화 시스템을 구축한다.

즉, 앞장에서 설명한 헬기 고정기지와 전진배치는 이를 위한 것이며 운영의 측면에서 산림청 상황실은 신고 받은 산불 발생 지역을 사전에 예고하여 헬기를 준비시키고 상황에 따라 즉시 헬기를 투입하며 산불현장에 도착한 조종사는 산불진행 상황을 산림청 상황실 및 산불현장 통합지휘본부에 3단계(최초, 중간, 최종)로 보고 한다.

최초 산불현장 상황을 산불규모, 기상, 지형, 현장주변 상황, 투입된 지상인원, 헬기 현황, 산불의 확산속도, 담수지, 진화 소요시간, 헬기 추가소요 등을 파악 및 보고하여 적정량의 헬기를 투입하는 정보를 제공하여야 한다. 중간보고는 약 50% 진화시 또는 수시로 진화완료 예상시간, 최초보고와 달라진 상황, 급유장, 계류장 확보, 필요시 헬기 및 인력 추가 동원 등을 보고하고 최종보고는 진화완료상태, 잔불진화 및 뒷불감시 참고사항 등을 보고하고 현장을 이탈한다.

지자체 임차헬기는 산림헬기가 현장에 도착하면 산림 헬기의 선임기장에게 현재까지의 공중진화 상황 및 우선적으로 보호해야 할 주요 시설물 등을 인계하며 산림헬기의 선임기장이 공중지휘통제기 역할을 수행하여 산불의 행태와 풍향, 연기, 담수지 위치에 따라서 산림헬기와 유관 기관 및 임차헬기와의 같은 공역 사용 또는 공역분리를 한다.

밸리탱크를 장착한 산림청 및 유관기관 대형헬기는 화두 및 주불진화에 주력하며 밤비바켓을 주로 운용하는 임차헬기와 중형헬기는 산발적인 작은 산불 및 비산화를 진화한다.

특히, 임차헬기는 자체 진화능력을 판단하여 산림헬기를 산불초기 또는 최소 일몰 3시간 전에는 요청하여 야간산불로 확산을 최소화 하도록 한다. 산불현장에 투입된 헬기는 공중지휘통제기의 지휘통제에 이행을 철저히 하기 위하여 2010년에 임차헬기 계약 '과업지시서'에 공중진화에 투입되는 조종사는 통합지휘본부장, 공중진화반장, 공중지휘통제기의 지시에 불응할 경우 관계법령「산림보호법」제40조 의해 불이익 처분을 받도록 하여 공조체제를 법적으로 강화 하였다.

나. 공조체제확립 교육ㆍ훈련

산림청은 산림헬기와 임차헬기와의 공조체제 확립을 위해 2001.10.25일 최초로 임차헬기 조종사 교육이후 매년 1회 봄철 산불 전에 임차헬기 조종사 교육을 하고 있다. 교육내용은 공중진화 지휘체계의 이해, 산불상황 단계별 조치, 현장 상황 판단 및 보고, 합동공중진화 공조, 공중진화 공역할당, 무선통신 등 제반 공중진화의 안전성 확보와 공조를 위한 것이다.

초기에는 산불현장에 투입되는 소방헬기와 군 헬기는 참여를 하지 않았으나 현재는 소방헬기 및 산불 관련 군 조종사도 산림청의 교육에 참여 한다. 산림청은 실질적인 통합지휘 및 통제시스템 구축 과 공조체제 확립을 위한 '도상훈련 프로그램'을 개발하여 주기적인 조종사 워크숍을 개최하여 산림청, 지자체, 소방, 군의 대표 조종사가 통합 공조체제 및 지휘통제 도상훈련을 시행하고 특히, 공중 물살포 훈련 프로그램을 마련하여 실질적인 물살포 훈련을 하는 것이 필요하다.

다. 지상지원 공조

헬기의 연료 보급장소와 계류장 등 지상통제지역의 상황파악 곤란으로 지휘통제기의 헬기 통제가 어려운 경우가 많다. 특히, 헬기가 증가시 지상의 축차적인 연료차 운용 및 계류장 확보는 매우 중요하며 공중진화반장은 지상현장의 지원에 대하여 공중지휘통제기와 긴밀한 연락을 하여 사전 조치를 취해야 한다. 미국에서와 같이 현장에 지상감독관(Helibase Manager/TOLC : Take off and Landing Controller)을 배치하여 연료보급과 계류장의 헬기 이착륙을 통제해야 할 것이다. 2022년 울진산불 이후 항공본부 관계자가 캘리포니아 소방에 견학 다녀와서 지상안전감독자를 배치하는 조치를 시행하였다.

[표 3-12] 지상안전 통제관 운용

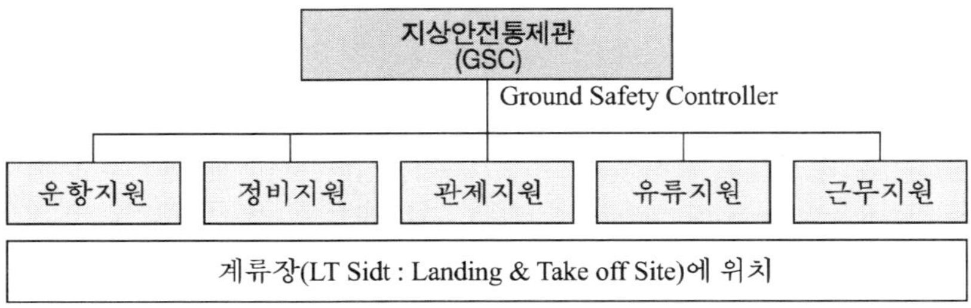

(출처:대형산불공중진화 핸드북, 산림항공본부, 2023)

또한 산림청은 임차헬기가 산림청 연료를 사용하는 절차를 마련하고 필요시 긴급 계류 및 정비를 위하여 인근의 산림항공 기지를 사용할 수 있도록 적극적인 조치를 할 필요성이 있다.

4. 무선통신 및 위치정보

항공기 운용에서 무선통신은 필수적이고 중요한 사항으로서 특히, 공중진화시 무선통신은 안전과 직결된다. 통신은 HF, VHF, FM 무전기를 사용한다. HF는 기지와 항공기 간의 장거리 통신(600Km)에 사용하며 VHF는 항공통신의 주 형태로서 항공기 상호간 및 항공기지와의 교신에 사용한다. FM은 항공기와 지상과의 통신에 사용하며 산림청은 FM채널은 3개를 할당받아서 FM504채널은 지휘통제기와 산불현장 대책본부, FM505채널은 산림청 헬기 상호간, FM506채널은 지후통제기와 산림청 및 항공본부 상황실과 교신을 하며 군 및 타기관은 자체 주파수를 사용한다.

산림청은 최초에 자체주파수로 VHF126.7.000MHZ를 비인가로 사용하였으나 1995.5.9일 국무총리행정조정실에서 구난구조 헬기용 주파수 부여하여 산림항공관리소 보유헬기에 대하여 무선국 변경허가를 신청하여 재난구조 활동(산불진화 등)에 지원되는 헬기는 주 주파수로 VHF122.000MHZ 및 예비 주파수로 VHF127.8.000MHZ로 사용한다. 따라서 산불현장 공중지휘통제는 이 주파수를 공통주파수로 사용하며 인접지역에서 산불 발생은 통신의 복잡성과 혼선을 방지하기 위해 각각의 지역에서 주 주파수와 예비 주파수를 사용한다.

[표 3-13] 무선통신 체계

- **산불현장에 최초 접근시 교신**
  - 주파수 : 122.00Mhz 모든 헬기간의 교신
  - 호출명 포펫지휘기(선임기장)
  - 산불 현장으로부터 최소 반경 5NM 밖에서 Initial Contact 시도
- **초기대응~산불 2단계**
  - 주 : 122.00Mhz, 예비 : 122.70Mhz 사용
  - LT Site 운용 시 주파수 : 127.80Mhz 사용
- **산불 3단계(ACC 투입시)**
  - 주파수
    - 122.00Mhz ACC ↔ 편대장 교신용
    - 122.70Mhz : 편대장 ↔ 편대에 소속된 모든 헬기
    - 127.80Mhz : LT Site 전용 주파수
  - ACC 호출명 : 포펫 01

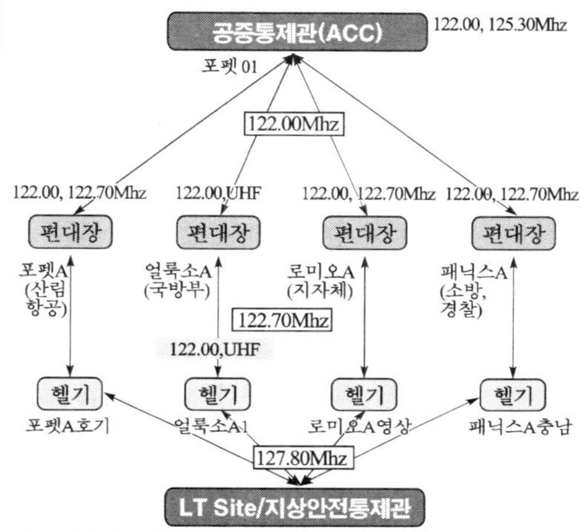

(출처:대형산불공중진화 핸드북, 산림항공본부, 2023)

2000년 4월 동해안 산불진화시 응원된 관계기관 헬기 간 무선통신유지가 미흡하여 산림청에서 각 기간에 무선통신유지 협조 공문을 보낸바 있다. 현재 각 기관은 지정된 호출부호(Call sign)를 불러서 교신을 하며 산림청은 '포펫', 소방.경찰은 '피닉스', 국방부는 '얼룩소', 민간항공사는 '로미오' 등으로 호출한다. 그리고 상황실과 지휘통제기 간에 무선통신에 의존하여 연상 관제를 하면 헬기 운항시의 각종 정보(좌표, 고도, 속도, 방향), 산불현장상황과 헬기의 기동, 담수지의 위치 등 헬기의 비행 상태와 항적을 정확히 파악하는 것이 미흡하여 2011년 항공작전사령부가 구축한 시스템을 업무협약('10.8.19) 및 벤치마킹하여 헬기 위치 추적시스템 기능을 하는「헬기안전운항정보시스템」(SIS:Safety Information Sistem)을 설치하였다.

조종사는 위성항법기능(GPS)이 내장된 휴대단말기(PDA:Personal digital assistants)를 비행 시에 항공기에 장착하여 운항함으로서 상황실의 모니터에 비행정보가 나타나며 조종사는 항법에 활용한다. 2013년 후반기부터는 산불현장정보 고도화의 일환으로 스마트 폰을 이용한 산불현장 실시간 촬영을 하여 지휘상황실에 실시간의 즉각적인 영상을 제공하여 진화전략 수립 및 안전비행에 도움을 주고 있다.

3.2.3 특수지역(DMZ) 항공진화

1990년 중반에 들어 전방 비무장지대와 인접한 강원도 고성에서 산불이 빈번히 발생하였다. 비무장지대와 북쪽에서는 산불이 더 많이 발생하여 봄철이면 비무장지대를 넘어 고성 쪽으로 확산되는 경우가 많았다. 특히 2000.4.7일 고성군 현내면 송현리 산불은 북에서 남하한 산불로 인하여 1,420ha의 피해를 보았다. 산림청은 북에서 발생한 산불이 남한으로 확산되기 전에 비무장지대에서 헬기로 공중진화를 고려하였으나 민간헬기는 유엔사/연합사/주한미군 규정 95-3으로 인하여 비무장지대에 접근할 수 없었다.

산림청은 2000.5.30일 최초의 관·군 공중진화합동회의 및 2001.10.9일 효율적인 산불진화운용토의에서 산림청헬기의 비무장지대 산불진화를 요청하였고 한미연합사는 2002.4.10일 비무장지대 산불진화관련규정을 수정하여 산림청에 다음과 같이 문서로 보냈다.

UNC/CFC/USFK Reg 95-3 Interim Change 02-18 April 2002
ROK NON-MILITARY HELICOPTER EMERGENCY RESCUE
AND FIRE FIGHTING OPERATIONS IN P-518

1. ....d. Flight plan processing and approval procedures for ROK non-militaly helicopters conducting emergency rescue or fire fighting may receive expedited approval ...ROK non-militaly helicopters emergency rescue or fire fighting in P-518 or NO-FLY-Area must have a ROK military escort helicopter....(중략)

(출처:유엔사/연합사/주한미군 규정 95-3 임시수정문 02-1,2002.4.8.)

이 95-3 수정 문서로 인하여 산림청 헬기가 비무장지대 산불을 진화하고자 요청하면 야전군사령부로부터 운항승인을 즉각 득할 수 있고, 임무를 수행할 경우 한국군 헬기의 선도를 받아 산불을 진화할 있는 근거를 마련하였다.

2005년 4월 4일 고성군 비무장지대 내에서 산불이 발생하여 4월 8일 까지 계속 확산되어 남북 모두 큰 피해가 우려되자 8군단 사령부에서 1야전군 사령부, 육군본부, 국방부를 거쳐 상부에 보고 하였으며 국가안전보장회의(NSC)사무처는 국방부, 합참과 협의하여 북측에 전통문을 보내 협조를 요청하였다. 북측은 비무장지대 내 군사분계선을 넘지 않는 조건으로 산림청헬기 비무장지대 진입을 수용하겠다는 응답을 보내왔다.

8군단에서 요청한지 8시간 후인 오후 6시에 분단이후 처음으로 산림청헬기가 공중진화를 위해 비무장지대 내로 진입하였다. Ka-32T와 S-64E 2대가 약 30분간 화두를 진화하였다. 이를 계기로 국가안전보장회의사무처, 국방부, 합참, 통일부, 산림청, 소방방재청과의 협의를 거쳐 2005년 9월 7일 「DMZ 산불」대응 매뉴얼이 마련되었다. 이후 2006년 3월 14일 고성 향로봉에서 발생한 산불이 남방 한계선부근으로 확산되어 이때는 「DMZ 산불」대응 매뉴얼에 따라서 북측에 요청한지 4시간 후에 출동지시로 Ka-32T 2대, S-64E 1대, 총 3대가 진화를 하였다. 2005년과 2006년의 비무장지대 공중진화는 분단 이후 냉전을 상징하던 비무장지대가 남북 간 상생과 협력의 장을 연 현장이 되었다는 의미를 가지고 있다.

현재 산림청은 DMZ 진화를 위해서 철원에 「비무장지대 항공관리소」를 개설(2024.2)을 하여 비무장 지대 산불발생시 초동진화에 대응하고 있다.

CHAPTER

4

항공진화기술

CHAPTER 4

항공진화기술

4.1 항공진화 전략과 전술

항공진화기술은 에어탱크와 헬기가 다른 부분이 있지만 공통부분이 많으므로 통합하여 기술한다. 이는 미래에 에어탱크를 도입하여 헬기와 합동운영시에 반드시 필요하기 때문이다.

4.1.1 항공진화 전략

모든 불은 작게 시작한다. 초기 진화의 목적은 불이 커져서 인명피해를 주거나 재산손실을 초래하기 전에 통제하는 것이다. 현장에 도착하면 가장 안전하고 효율적이며 비용 효과적인 방법으로 산불을 통제할 수 있는 전략과 전술을 수립해야 한다.

전략은 불을 통제하는 포괄적인 계획과 의사결정이다. 전술은 전략을 수행하는 기법이다. 즉 산불을 직접진화 하거나 방화선을 설치하는 등 행동하는 방법을 말한다.

항공기는 고가의 진화장비이므로 정확하게 사용되어야 한다. 항공기를 출동시키는 조직의 책임자는 항공기의 전략적 사용개념으로 최소의 손실과 최소의 비용으로 산불을 신속히 통제할 수 있어야 한다.

이것은 산불현장에서 가장 가까운 항공기 기지까지의 거리, 항공기는 초기진화(불이 작을 때)에 사용할 때와 지상 진화인력과 협동하여 진화작업시 가장 효과적이므로 지상 진화대의 활용가능 여부, 산불현장에 대한 접근 가능성, 산불규모와 확산잠재력, 기상조건, 소실 우려가 되는 시설물의 가치 등을 고려하여야 한다.

항공기 사용에 대한 결정은 반드시 더욱 위험한 상황에 대비하여 유보된 상태로 보존되어야 하며 또한 최대의 효과를 얻기 위하여 출동하여야 할 시점에 대한 판단이 중요하다. 항공기 승무원은 차후 진화 상황을 위하여 대비할 수 있도록 언제 공격을 끝낼지를 아는 것도 중요하다. 이 결정을 정확히 하기 위하여 책임자들은 신속하고 효과적인 보고와 진화상황에 관한 모든 요인들의 분석(지형, 풍향풍속, 급수지 등), 항공기의 대수, 그리고 현장 진화활동의 가변성에 의존해야 한다. 산림보호, 산불탐지, 진화 항공기의 운영에 책임을 지고 있는 책임자들의 긴밀한 협조로 공중 진화조를 편성하여 산불진화의 효율성을 극대화할 수 있다.

에어탱크는 빠른 속도의 대응능력을 발휘할 수 있다. 헬기는 상대적으로 느린 속도로 인하여 횟수가 줄어들므로 매 접근시마다 화재 상황을 재평가해야 하는 경우가 있다. 이런 이유로 에어탱크는 단독으로 운영되기도 하여 최초 진화작전시 "1회 공격 개념"(one strike)으로 한다. 가능한 짧은 시간에 1회 공격으로 많은 양의 소화지연제를 정확히 투하하여 연소지역을 최소화한 효과를 달성할 수 있다. 특히, 대형산불시 에어탱크는 산불현장을 통제하고 지상요원을 위한 화염을 냉각시키고 방화선을 설치 또는 강화하는데 사용된다. 헬기는 근접지원을 제공하고 인원과 물자를 공수하는데 사용될 수 있다.

에어탱크와 헬기의 합동진화에서 에어탱크는 소화지연제로 최초로 공격하여 방화선을 설치 확산속도를 지연·감속시킨다. 이때 회전익은 후속 지원하여 직접진화를 함으로서 최종적으로 진화의 효율성이 극대화된다.

산악 또는 먼 곳의 산림지대에서의 산불발생은 조기 경고해야 지원하기가 유리할 것이다. 산불이 동시 다발로 발생하는 시기에는 특히 충분한 기동성이 있어야 한다. 그러나 산불진화시 안전이 가장 중요하다. 안전이 결코 산불진화에 양보하지 못한다. 공중진화 지휘자는 항공기를 안전하게 운용하는 것이 무엇보다 중요하다. 지휘조종사는 상황평가정보를 이용하여 우선순위를 정하고 전략을 수립한다.

1. 항공기 산불진화시 주요 전략개념

- 산불이 확산되기 전에 신속하게 진화한다.
- 지상진화대원이 접근하기 어려운 지역에서 진화한다.
- 짧은 시간에 대량의 물 또는 소화액을 투하한다.
- 가열되어 쉽게 불이 날 수 있는 지역, 사람이 있는 지역, 장비가 있는 지역, 연기가 발생 하는 지역으로 이동하여 신속히 진화한다.

2. 진화 우선순위

- 생명
- 재산가치
- 자원가치
- 화세가 강하고 위험한 연료가 있는 지역

- 불이 협곡의 한쪽에만 있도록 하고 다른 협곡으로 건너뛰지 않도록 한다.
- 화두가 가능한 확대되지 않도록 한다.
- 모든 진화활동이 불에 대한 최후의 통제에 기여하도록 한다.

물, 폼, 지연제의 적절한 사용은 최대의 효과를 위해 필수적이다. 공중진화 중 좁은 시각을 갖지 않는 것이 중요하다. 산불을 관측하는 좋은 위치에 있으며 안전과 계획을 위하여 예상치 못한 상황을 조정할 준비가 되어야하고 지상 진화대에게 산불행태가 변하는 것을 조언해야 한다.

항공기는 산불지역의 구역을 할당받고 작업을 한다. 최우선은 항상 항공기의 통제를 유지하는 것이다. 가끔 지상진화대는 맞불을 놓는다. 맞불은 주불과 통제선 사이에서 연료를 태우는 것이다. 맞불의 목적은 연료을 제거하여 통제선을 넓히는 것이다. 맞불은 완전한 성공을 위하여 정확한 조건이 요구되는 중대한 작업이다. 조종사는 맞불을 잘 인식하여 그것을 진화하지 않아야 한다. 지상진화대는 맞불을 시작할 때 흔들리는 빛, 진화총 등을 사용하므로 조종사는 지상의 관찰과 무선통신으로 주의를 기울여야 한다.

4.1.2 항공진화 전술

항공진화는 통상적으로 지상진화대를 지원하기 위하여 사용한다.

따라서 항공기의 최초공격은 매우 중요한 가치이므로 그 정책은 새로운 산불지역으로의 신속히 전환(Divert)하여 공격하는 것이며 산불지역 환경이 안전에 대한 치명적인 리스크가 있을 경우는 전환하지 않을 수도 있다.(no divert) 항공기 운용의 높은 비용으로 인하여 ATGS, ATCO, HLCO 등 현장지휘관은 할당된 임무를 신중하고 완전하게 수행해야 한다.

투하형태는 연료종류에 따라 다르며 가벼운 연료는 속도를 증가하고 무거운 연료는 속도를 감속한다. 싱글엔진 에어탱크는 비행안전을 위해 자동활공 속도를 잘 기억해야 한다.

주불의 경계선 밖에서 발생한 비산화는 불붙은 동물이 달아나거나 경사에서 굴러가는 물질, 날아가는 연소물 부스러기 등에 의해서 발생한다. 비산화는 몇 개의 큰 산불로 발전될 수 있으므로 진화의 최우선이다. 이 상황은 지상승무원에게도 특별한 위험이며 복잡한 산불의 함정에 있게 한다. 불이 작거나 건축물이 위협받는 경우를 제외하고는 측면진화를 고려해야 한다. 이 방법은 지상인력이 신속하게 방화선을 구축할 수 있다. 만일 간접진화가 필요하면 불의 움직임을 예상하여 그에 맞게 지연제를 투하한다.

〈전술항공기 운용의 고려사항〉

- 투하 효과
- 연료의 형태
- 산불의 행동과 특성
- 투하효과에 대한 지형의 영향
- 지상인원에 대한 안전
- 바람상태
- 지상 작업에 후속하는 능력
- 항공기에서 표적까지의 시정
- 지형으로 인한 에어탱크의 비효율성으로 인한 헬기의 사용

대형산불, 강력한 화두, 경사지 투하, 비산화 등은 특별히 전술적인 진화목표를 가지고 수행하며 일반비행에 비하여 특수한 비행이다.

〈고정익의 특수한 비행〉

- 500피트 이하에 지시된 비행
- 화물투하
- 물, 지연제 투하
- ATGS 운용
- ATCO 운용
- 위험지형, 장애물, 제한지역, 지면의 상태 등으로 인하여 특별한 기술이 요구되는 이착륙
- 산불정밀탐지 등 이다.

〈헬기의 특수한 비행〉

- 500피트 이하의 지시된 비행
- ATGS 운용
- 공중연소 활동
- 야시경 운용
- 공중포획 및 박멸, 짐승포획
- 물. 지연제 투하
- HLCO 운용
- 외부화물운반
- 레펠링
- 선상 및 단상 착륙
- 토우인, 싱글스키드
- 위험지형, 장애물, 제한지역, 지면의 상태 등으로 인하여 특별한 기술이 요구되는 착륙
- 화물낙하 등 이다.

ATGS나 부조종사로부터 무전으로 표적을 확인하여 가능한 빠른 시간에 투하를 하며 표적을 설명하는 요소는

- 투하할 산불의 부분
- 천연 장애물
- 인공장애물
- 산의 경사도
- 사전 투하지역
- 기타 장비

• 공격 방향 등이며 조종사는 공격시 궁극적으로 중요한 것은 안전임을 기억해야 한다.

〈항공진화의 원리〉

- 화재규모와 가용자원에 따라 전략 및 전술을 세울 것
- 기준점을 정해서 작업할 것
- 적절한 고도를 유지할 것
- 적당한 구역수준을 지킬 것
- 정확도를 높이기 위해 바람을 타고 소화약제를 살포할 것
- 육상과 지원체제가 갖춰지는 경우에만 직접 진화를 할 것
- 소화약제가 멀리 퍼질 수 있도록 할 것
- 소화약제의 효율성을 평가하여 사용을 조절할 것 등이다.

〈항공진화시 고려사항〉

① 불의 규모와 가용한 공중·지상진화대를 고려하여 진화전술을 결정한다. (직접 또는 간접진화)

② 고정점(anchor point)을 확정한다.

③ 적절한 비행고도 및 물 투하 범위(폭과 길이)를 조절한다.

④ 가능한 태양을 등지고 물투하 한다.

⑤ 효과적인 통신 유지로 물투하의 정확한 평가를 한다.

⑥ 투하계획은 효율적으로 확장되거나 추가되도록 한다.

〈항공진화시 항공기 기동용어〉

① 담수지 접근/이륙 ·········· 담수접근, 물급수 후 이륙

② 현장 접근 ······················ 산불지점으로 고도·속도 조절하여 비행

③ 좌·우로 이탈 ················ 물투하 후 좌·우로 현장 이탈

④ 연속적으로 투하 ··········· 겹치고 길게 투하

⑤ 이르다 ·························· 물투하가 목표물에 미달

⑥ 늦다 ····························· 물투하가 목표물에 초과

⑦ 저고도 통과 ·················· 목표물을 저고도로 지나감

⑧ 이전의 투하량 보충 ······· 덧 씌워 투하 및 연장

1. 상황평가

'연기가 있는 곳에 불이 있다.' 라는 말이 있듯이 산불에서 연기가 발생하는 것은 산불과 공중의 특성을 아는 중요한 정보요소이다.

연기는 먼 거리에서 볼 수 있으며 산불지역에 도착하기 전에 모든 정보를 확인할 수 있다.

가. 연기는 산불의 규모를 알려주는 표시이다.

나. 산불발생의 근본적인 이유와 터브란스의 장소를 보여준다.

다. 강하하는 공기를 알 수 있다

라. 연기색의 차이로 화세가 강한 곳을 알 수 있다.

마. 바람의 풍향과 풍속을 알 수 있다.

[표 4-1] 연기의 색깔과 모양의 의미

보이는 것	의미하는 것
· 연기 기둥이 작고 두꺼우며 흰색이다.	· 풀밭에서 발생한 소규모의 불이다. · 낙엽 또는 풀을 태우는 것이다.
· 연기가 밑에는 넓고 주로 흰색이지만 옆부분은 갈색 또는 흑색으로 바뀌고 있다.	· 불이 초지에서 번지기 시작하여 두터운 연료로 옮겨 붙고 있다.
· 연기가 검지만 다소 떨어지 곳에 흰색 또는 밝은 갈색이 보인다.	· 건물 또는 자동차에서 불이 붙은 초지로 옮겨가고 있는 것이다.
· 연기 기둥이 곧장 올라간다.	· 산불현장에 바람이 거의 없다.
· 연기 기둥은 올라오는데 윗 부분이 굽어있다.	· 지표에는 바람이 불지 않지만 연기가 굽은 부분에는 바람이 있다.
· 연기가 지표 근처에서 굽어 있고 부피도 크고 강하다.	· 연료공급이 좋은 상태에서 바람이 불고 있다.
· 연기가 수천피트 올라가며 꼭대기에 흰구름이 형성되어 있다.	· 쉬어서는 안된다. 매우 바빠질 것이다.

진화항공기가 산불현장에 처음 도착시 조종사는 공격을 하기 전에 작업의 규모를 파악한다. 그는 산불 통제자와 합동하여 표적과 산불지역의 터브런스의 상태, 풍속 및 풍향, 거대한 나무, 고압선, 철탑 등 그리고 현장에서의 진화와 이탈계획을 정확히 알아야 한다.

상황평가는 한번에 끝내는 것이 아니고 산불을 완전히 진화할 때까지 지속적인 과정이다. 산불진화는 크게 상황평가, 의사결정, 행동의 과정이라 할 수 있다.

지휘 및 전조종사는 끊임없이 상황을 평가하고 적절하게 대응하여야 한다. 그리고 지휘자는 누구보다도 전체상황을 잘 판단할 수 있어야 하며(big picture) 지상 진화대와 협조된 진화작전을 수행하여야 한다.

〈상황평가 요소〉

가. 산불의 규모 및 형태와 확산속도는 어느 정도인가?

- 불의 규모는 불의 복잡성을 알 수 있게 한다. 산불의 규모는 에이커 또는 헥타르로 측정 한다.(1에이커 = 43,560m², 1헥타르 = 2.47에이커, 10,000m²) 실제규모를 과대평가하지 않도록 주의해서 정확히 규모를 측정한다.

산불지역 면적 계산법

면적은 언덕의 경사면을 따라서 재는 것이 아니라 수평선으로 계산한다. 조종사는 공중에서 대략적으로 평균 폭을 계산하고 대략적인 길이를 곱하여 면적을 알 수 있다.

ⓐ 평균 폭 : (200+100)÷2=150m

ⓑ 평균길이 × 평균 폭 : 300 × 150=45,000m² = 4.5ha

- 비산화는 불에서 불똥이 튀어 시작되는 소규모의 불이다. 습도가 낮고 연료의 수분함량이 낮으며 바람이 불면 불똥이 튀게된다. 통나무 또는 나뭇가지의 썩은 부분 등은 비산화에 예민하다.
- 시간당 불의 둘레가 늘어나는 길이를 이용하여 불의 확산속도를 정한다.

[표 4-2] 산불의 확산속도 결정

의미	확산 속도
· 느림	· 화두는 시속 100피트(30M) 이하로 이동
· 중간	· 시속 100-400피트 이하로 이동
· 빠름	· 시속 400-1800피트 이하로 이동
· 매우 빠름	· 시속 1800피트 이상 이동

나. 기상조건은 어떠한가?

- 풍향, 풍속은 어떠한가. 방향이 갑자기 바뀌는가. 천천히 바뀌는가, 돌풍이 있는가. 바람이 언덕으로 치솟는가. 가로지르는가, 내리 부는가. 차후 바람의 예상, 건조 상태 등을 살핀다.

다. 지형은 어떠한가?

- 지표면은 평평한가. 경사인가, 바위가 많은가. 또는 협곡으로 나뉘어져 있는가. 이러한 상태는 불이 번져가는 진로에 영향을 준다.
- 지형이 급할수록 확산속도가 빠르고 진화작업이 어렵다.

라. 연료의 종류는?

- 산불현장이 풀밭인가. 관목인가, 임지인가. 숲인가. 벌채인가. 그리고 불길 앞의 연료는 무엇인가.
- 이는 불의세기에 영향을 주는 요소이다.

마. 건물 또는 가치 있는 지역이 불의 위협을 받고 있는가?

- 문화재, 주택, 가치 있는 목재, 또는 조림지의 손실이 예상되는가, 위협받는 건물이 방어가능한 공간이 되는가, 지붕이 불에 타는 물질인가.
- 이러한 요인을 고려하여 대응수준을 바꾸어야 한다.

바. 천연 또는 기존의 방화선이 존재하는가?

- 방화선으로 이용할 수 있는 길, 개천, 호수 등이 존재하는가를 본다.

사. 특별한 안전 위험물이 있는가?

- 떨어진 전선이 있는가. 구르는 바위, 자동차교통, 대피주민 등을 고려하여 대응수준을 결정한다.

아. 충분한 진화자원이 배치되어 있는가?

- 공중 및 지상에 충분한 진화자원이 배치되었는가. 취약한 산불지역은 없는가를 판단 한다.

자. 동료들에게는 무엇을 말해 주어야 하는가?

- 산불지역 상황평가 정보를 지휘본부 및 진화대원들에게 제공하여 대응책을 마련하기 위해 보고내용은 짧게 핵심사항을 보고한다.

2. 직접진화 및 간접진화

공중진화의 물투하를 시작하는 지점은 산불의 말단(Heel)이나 시작하는 지점에 공격하고 산불의 측면(Flank)이나 옆에서 공격하며 화두(Head)나 새로 시작하는 산불의 먼 앞쪽지점에 공격한다.

투하를 위한 전술적인 진화 방법은 직접진화, 간접진화가 있다.

가. 직접진화(Direct Attack)

일반적인 규칙으로 높은 온도 하에서 항상 직접진화를 한다. 만약 불이 작으면 두개 또는 그 이상으로 연속된 직접진화로 물을 흠뻑 뿌리게 된다. 화선 위에 투하하는 방법으로 빠르게 움직이거나 심하게 연소하는 산불에는 종종 비효과적이며 화염 높이 1.5m 이하의 작은 산불, 비산화 진화에 효과적이다. 또한, 최대한의 효과를 위해 불의 가장자리에 가까이 접근한 지상진화대의 가능한 앞쪽에 물을 살포 한다.

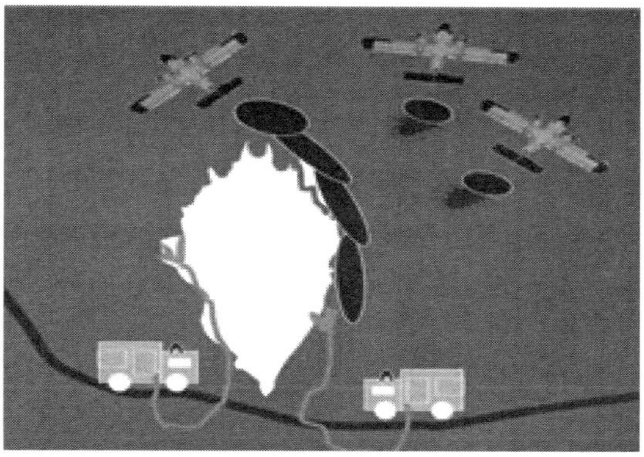

[그림 4-1] 직접진화

직접진화의 장단점은 [표 4-3]과 같다.

[표 4-3] 직접진화의 장 · 단점

장점	단점
· 연소지역 최소화 · 산불이 수관으로 확산 가능성 감소 · 완전연소 또는 맞불시 불확실한 요소제거	· 열, 연기, 불꽃으로 인하여 진화 다소 어려움 · 천연, 기존의 장애물 이용하지 않음 · 뒷불정리 필요

최초의 물투하는 산불의 양 측면을 따라서 전방으로 투하를 시작하여 밖으로 확산되는 것을 진화하는 것이다. 이후 물살포는 화염 전방으로 집중되어지며 점차 화선의 전방길이가 감소되고 화두가 좁아지며 마지막에 화두에 직접진화를 함으로서 정확한 물살포가 된다. 이를 핀칭(pinching)물살포 기술이라 한다.

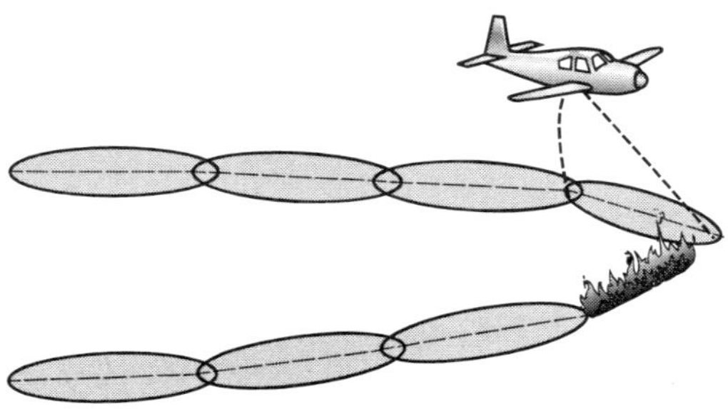

[그림 4-2] 핀칭 물살포 기술

(출처:The use of Aircraft in Forest Protection, Vincent J.M. Gervais, 1975)

나. 간접진화(Indirect Attack)

(1) 평행진화(Parallel Attack)

화선의 가장자리에 평행하게 투하하는 방법으로 지상자원이 전형적으로 하는 직접공격에 후속하여 화염높이 3m 이하시 사용하며 이방법이 가장 많이 사용하고 효과적이다.

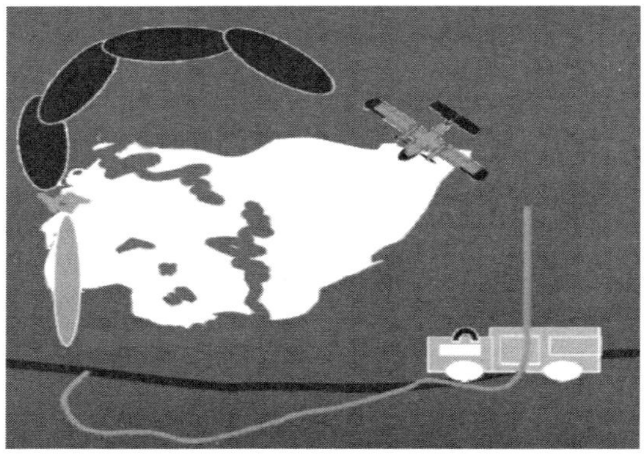

[그림 4-3] 평행 진화

지형이나 제한된 상황에 따라서 한 방향으로 평행으로 물살포를 할 수 있다.

(2) 방화선 구축(Fire Line Construction)

지형의 어려움과 화두가 강하여 화염높이가 5m 이상시에 직접진화하기에 비실용적이어서 화선의 먼 앞쪽에 투하하며 방화선 구축으로 이라고도 하며 사전에 계획하여 연료에 미리 지연제를 투하하는 것이며 장기 지연제가 효과가 있다.

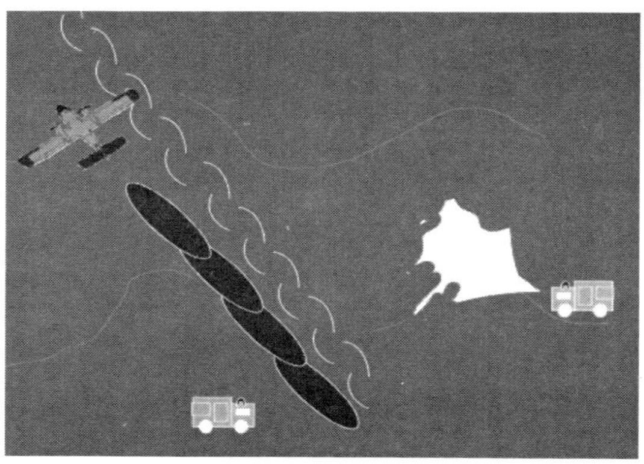

[그림 4-4] 방화선 구축

〈방화선의 종류〉

방화선을 설치하는 것은 두 가지 목적이 있다. 첫째는 방화선과 불길 사이에 있는 연료를 제거하여 불이 번지지 않도록 안전띠(safe-stripe)를 만드는 것이다. 둘째는 아직 타지 않는 지역과 타 버린 지역을 분리하는 것이다. 목적은 불이 계속 번지는 가연성 물 틈을 만드는 것이다. 공중 방화선 설치에는 수성 방화선(Wet Line)과 화학 방화선(Retardant Line)을 사용 할 수 있다.

① 수성 방화선은 물 투하로 설치한다. 이는 산불경계선을 소화하거나 또는 맞불을 놓기 위해 만든다.

② 화학 방화선은 소화재 투하로 설치한다. 억제선은 수성 방화선과 같이 생각한다. 지상 활동이 뒤따라야 한다.

〈방화선 설치시 고려사항〉

방화선 설치는 불을 봉쇄하고 통제하는데 매우 중요하다. 항공기의 방화선 설치는 선정된 지점에 물을 투하하는 것이다. 방화선 설치는 몇 가지 원리가 있다.

① 방화선을 고정한다.(물 투하시에 지상진화대원을 덮치게 된다)

② 천연 또는 기존의 장애물을 이용한다.(물을 투하할 필요 없음)

③ 비산화를 통제선 내에 포함하고 지역에 비산화가 많으면 그 주위에 방화선을 설치한다.

④ 방화선은 가능한 직선이 되도록 한다. 방화선 설치시 굴절점이 없도록 하는 것이 좋다. 굴절과 코너는 더 많은 연료들이 불과 가까이 되게 한다.

⑤ 방화선은 불길과 가깝게 설치한다. 이러한 작업은 불을 더 작게 만들 것이다.

⑥ 산봉우리 뒤편에 방화선을 설치한다. 불이 산을 넘어가는 것을 억제하는 것이다.

⑦ 불의 확산에 대해 계획하여야 한다.

〈화선의 폭 결정시 고려사항〉

① 방화선의 폭은 연료, 지형, 불의 행태를 고려하여 판단한다. 방화선의 폭은 우세 불길 높이의 약 1.5배가 되도록 하는 것이 일반적인 규정이다.

② 불의 행태가 심각해 질 것으로 예상되는 지역에서 방화선의 폭은 연료 높이의 2배 이상이 되어야 한다. 불길의 길이와 바람의 방향에 따라 방화선을 더 넓게 하는 경우가 많다. 방화선의 폭은 불씨가 날아갈 것이라는 예상에 따라 조절하는 것이 아니다.

③ 방화선의 폭을 결정할 때는 다음 요인을 고려한다.

Ⓐ 연료 : 연료의 종류, 높이, 밀도, 크기, 조건에 따라 방화선의 폭을 정한다.

Ⓑ 경사 또는 지형 : 경사면에서 불 윗부분에 방화선을 설치한다면 경사가 급할수록 방화선은 넓어야 한다.

Ⓒ 기상조건 : 기상조건은 불의 강도에 영향을 미친다. 불이 뜨거울수록 방화선의 폭은 넓어 져야한다.

Ⓓ 통제한 불의부위 : 화두가 가장 뜨겁고 불꽃도 길다. 불허리는 강도가 다소 낮다. 이는 화두에 방화선을 넓게 만들어야 한다는 것을 의미한다.

Ⓔ 불의 규모 : 불에서 발생하는 열량이 방화선의 폭과 관계가 있다.

[표 4-4] 간접진화의 장 · 단점

장점	단점
· 지형이 좋은 곳에 방화선 설치 · 천연 또는 기존의 장애물 활용 · 지상진화대원들이 연기와 열이 적은 곳에서 작업가능 · 불이 방화선을 넘어올 위험이 적다.	· 더 많은 면적이 연소된다. · 방화선을 충분히 설치하기 전에 불이 방화선을 넘어 올 수 있다. · 이미 타버린 방화선을 활용하기 어렵다.

3. 방화선 구축 적용 산불

- 산림·도시 연접지 산불(WUI : Wildland Urban Fire)

  산림에서 민가, 도시로 내려오는 불을 차단하기 위해 산불이 진행해오는 도시 앞쪽에 방화선을 구축하여 민가 보호

- 야간산불

  일몰 30분전에 풍향, 화세, 지형을 고려하여 산불방향 전방, 적절한 지점에 방화선을 구축하면 산불이 저지 및 약화되어 지상진화대가 효과적으로 야간산불을 조기진화 할 수 있음

야간산불 지연제 사용 효과

+ 풍속에 물보다 영향이 적음
+ 투하 고도가 높아도 물보다 덜 분산됨
→ 야간헬기 운용 리스크 저감 및 진화효과에 유리함

- DMZ 산불

  남방으로 넘어오는 적절한 지점에 사전 방화선을 구축하여 산불저지 및 지상진화대 활동에 효과

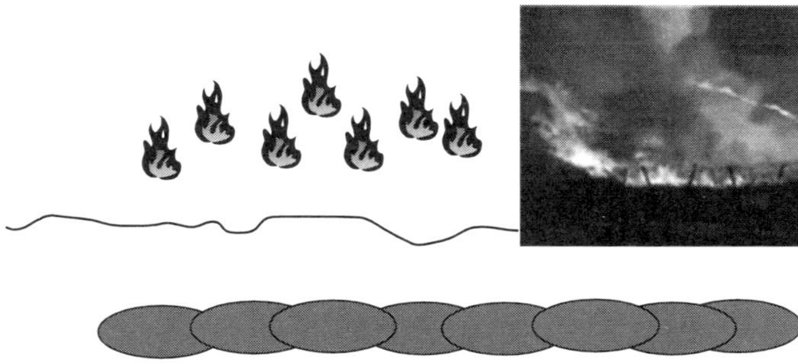

[그림 4-5] DMZ 방화선 구축

4.2 지휘통제 및 협조

산불현장에 도착하여 산불진화편대의 제일 우선은 항공통제자이다.

항공통제자는 산불현장을 많이 비행한 경험자이다. 보통 고성능의 2개 엔진 항공이기며 전체 또는 부분을 통제하는 유리한 지점에서 운용이 된다. 항공통제자는 산불지휘자로서 공중과 지상의 전체적인 산불진화편대의 통제자며, 유일한 항공기운용의 통제자이다.

산불지역은 산불진화과정을 통하여 산불진화항공기에 직접적으로 접근 및 이탈시 조언을 하고 물살포시 조종사에게 가르쳐주는 그들의 통제자를 필요로 한다. 통제자의 책임은 산불현장에서 항공기를 멀리 가도록 하거나 종료할 때 산불지역의 공중 교통을 통하여 조언하는 것으로 제한 한다.

항공산불진화는 매우 역동적인 환경에서 발생한다. 진화항공기는 지상인원, 주위의 지형과 서로 근접하여 높은 온도, 바람, 터브란스, 연기와 지형으로 인한 제한된 시정의 상황에서 작업을 한다. ATGS의 일차적인 역할은 공중업무의 안전이며 반드시 공중운영을 위한 목표를 설정하고 우선순위를 정해야 한다. 상황파악을 위하여 폭넓은 시야를 갖고 지상인력과 밀접하게 협력하면서 항공기를 통제 및 운용한다.

진화항공기는 상업적인 항공기에 비하여 자신의 안전한 공역을 확보해야 하므로 공중공역의 협조가 가장 중요하다. ATGS는 산불지역에서 공중자원의 감독, 협조, 지시를 하고 산불의 행동을 주시하여 공중에서의 관찰사항을 지상진화자원에 대하여 안전하고 효과적인 지원을 확보한다. 이를 위하여 ATCO, HLCO, 스모크 점퍼 등과 협조하여 복잡한 상황에 연속적으로 대응한다. ATCO는 에어탱크 운용과 유도비행기를 담당하며 HLCO는 헬기의 전술적 협조와 공간관리를 담당한다.

현장의 비행항로는 저시정, 복잡한 산불현장과 많은 항공기가 투입되므로 임시 또는 장기간 설정한다. 이는 조종사, 기지관리자, 공중운영책임자 등이 결정하며 지속적인 피드백을 하면서 조절한다. ATGS는 산불현장에 적시에 도착하여 모든 항공기를 통제할 책임이 있으며 참가하는 승무원은 ATGS의 정책과 지시를 따라야 한다. ATGS는 단순한 용어를 사용하고 조종사의 시각을 기준으로 하여 시계방향으로 안내하고 지형적 특성을 이용한다.

산불현장에서의 ATGS의 통제와 협조사항은 다음과 같다.

- 불안전한 상황이 발생시 운항을 중지한다. 장애물, 고압선, 터브란스, 시정제한 사항 등 알려진 해자드를 항공기에게 알려 준다.
- 진입하는 항공기에게 항로와 고도를 인가한다.
- 공중진화 장주와 통제 절차를 정한다.
- 공중투하를 위한 비행 중에 지속적인 교신을 유지한다.

ATGS는 단순한 용어를 사용하고 산불현장이 복잡해지면 안전성, 효율성, 통제가 어려움으로 인하여 [표 4-5]와 같이 산불의 확산에 따라 항공기 운용의 공중통제운용 조치범위를 정한다.

[표 4-5] 산불규모에 따른 공중통제운용 조치범위

상황	조치범위
추가 항공기가 요구 될 때	· 모든 항공기에 할당된 고도로 진입 · 모든 항공기에 할당된 궤도 사용 · 충돌방지를 위한 비행항로 평가 · 필수적인 통신에 제한
다음중 하나에 해당하는 경우; · 재급수지가 산불로부터 10마일 이내 · 한개 이상의 재급수지가 사용될 때	· 충돌회피를 위해 기지와 산불현장 사이의 항로와 고도를 설정
다음의 상황이 발생하는 경우; · 항공기의 총 댓수가 10대 초과시 · 에어탱크 총 댓수가 6대 초과시 · 총 댓수가 6대 초과시	· 모든 항공기에 항로와 고도 설정 · 모든 에어탱크에 궤도 할당 · 2번째 공중통제기 검토
다음의 상황이 반복적으로 발생하는 경우; · ATGS의 무전교신에 응답이 없을 때 · 요구되는 통신이 이루어지지 않을 때 · 응신이 안되는 경우 · 명확한 통제가 안 될 때 · 공대공 통신이 잘 안 될 때	· 진화작전은 문제가 해결될 때까지 천천히 진행을 하거나 중지 · 2번째 공중통제기 요구

상황	조치범위
다음의 어느 조건이라도 발생하는 경우; · 강한바람 · 중간 또는 심한 터브런스 · 심한연기 또는 감소된 시정 · 진화조치가 비효율적일 때 · 표적이 어렵고 위험할 때	· 위험/이익의 평가가 요구 · 일부 또는 모든 항공기의 일시적인 진화작전 중지

(출처:Aviation Hand Book, US Forest Service)

에어탱크의 이동항로는 주간비행은 지표면(AGL)에서 1,000피트, 야간비행은 지표면에서 2,000피트를 유지하고 안전하고 효율성을 보장하기 위하여 군중이 많은 곳을 피하며 가능한 항공관제시설을 활용하고 속도가 다른 항공기와의 분리를 하며 항공기가 밀집한 곳을 피하며 가능한 농장, 거주지, 학교의 상공을 회피하고 불필요한 비행을 최소하기 위해 목적지까지 직진항로를 선택한다.

항공안전을 증대하고 공중충돌위험을 방지하고 효율적인 진화를 위해 임시비행제한공역(TFR:Temporary Flight Restriction) 이 설정되는데 이는 초기공격 또는 확장된 공격에서 고려되며 국가공중공간협조안내서(IACG:Interagency Airspace Coordination Guide)에 명시되어있다. 임시비행제한공역 중에서 산불을 진화하는 공역은[그림 4-6]과 같이 공중진화공역(FTA:Fire Traffic Area)으로 명칭하며 연방정부 공중공간 웹사이트에 노탐(NOTAM:Notice to Airman)으로 발효하며 매일 30분마다 업데이트 한다. 조종사는 출발전에 공중공격 기지관리자로부터 FTA 상황에 대해서 브리핑을 받으며 비행진입 시에는 반드시 인가된 채널에 맞추어(channel surfing) 교신을 하여 인가를 받아서 FTA에 진입할 수 있으며 공중진화를 하지 않는 항공기가 FTA 밖이라도 반드시 교신을 하여 불필요한 진입을 방지하여 안전을 보장한다.

조종사는 ATGS 또는 통제기에게 다음과 같이 보고를 한다.

- 산불현장 12마일 전에서 거리, 방향, 고도를 보고
- 산불현장 7마일 전에서 최종 진입인가
- 산불구역(FTA)은 산불중심에서 반경 5마일로 한다.
- 장주비행하며 투하를 할 때 ATGS 또는 에어탱크 협조자는 상황을 잘 알아야 한다.

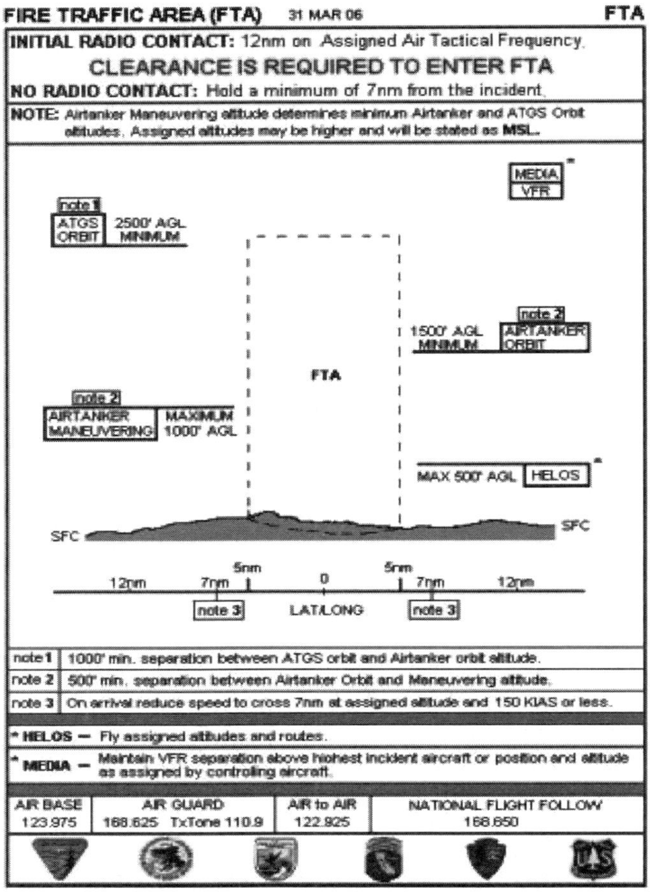

[그림 4-6] 진화항공기 공간운용 체계도
(출처:IACG:Interagency Airspace Coordination Guide, USDA)

방송 및 기타 항공기는 ATGS가 인가한 고도에서 비행하며 일반적으로 진화항공기 보다 높은 고도에서 비행한다.

에어탱크의 공격항로는 같은 장주형태(traffic pattern)를 사용하여 투하 하며 ATGS는 전체적인 지휘통제가 가능한 고도에 있으며 최소 2,000피트에서 우 선회 장주를 사용한다. 확장공격 시에는 최소 2,500피트를 유지하고 에어탱크 고도보다 최소 1,000피트 높아야 한다. 에어탱크는 최소 1,000피트에서 좌장주를 사용한다. 확장공격 시에는 최소 1,500피트를 유지한다.

안전하고 효과적인 고도선정을 위해서 고려할 사항은

- 지형
- 태양빛의 각과 방향
- 구름의 양과 지형그림자
- 해이즈(haze) 상태
- 비행하는 능선의 높이 등이다.

[그림 4-7] FTA 공역 경고포스터

(출처:그림 4-6와 동일)

에어탱크 공중공격은 [그림 4-8]과 같이 배풍로(downwind)로 진입하여 목표를 근접확인 한 후 베이스(base)를 돌아(turn)서 산불의 화두와 측면에 투하하기 위해 최종(final)으로 접근한다.

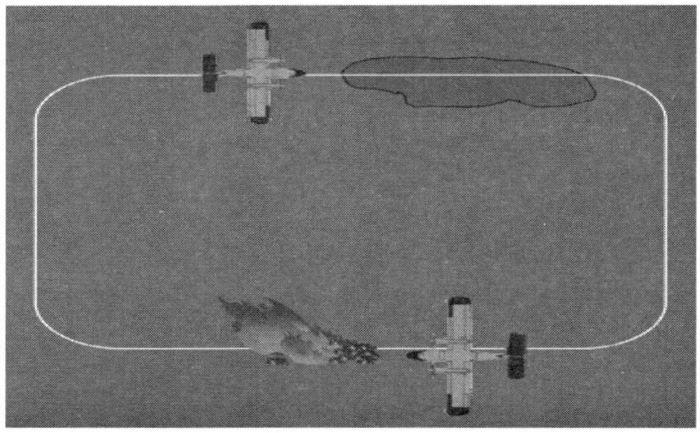

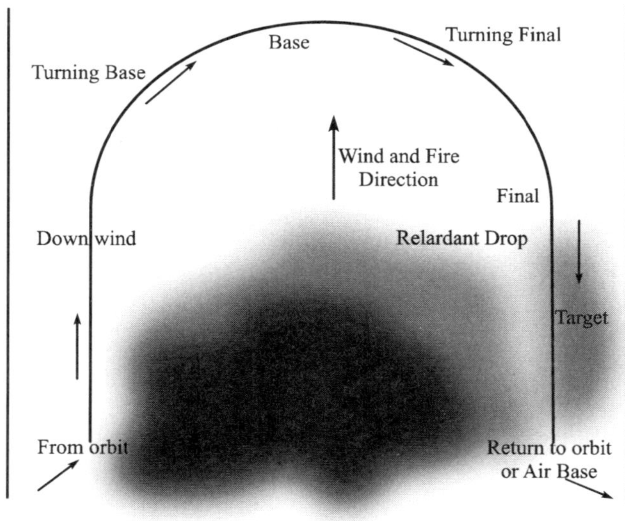

[그림 4-8] 진화항공기 물살포 기본패턴
(출처:http://fire.norca/scan.org/air/drop visual/htm.)

에어탱크는 다음과 같은 상황에서 ATGS 또는 ALCO, HLCO가 인가 할 때까지 지연제를 투하하지 않아야 한다.

- 헬기가 임무를 위해 담수지에서 이륙할 때
- 표적지역에 사람이 있을 때
- 현장에서 이탈하거나 재진입할 때
- 무선주파수를 변환할 때
- 비정상 또는 불안전한 상황이 발생할 때

- 사전에 비표준 기동을 수행할 때
- 화선이나 높은 장애물과 나무
- 다른 항공기 등으로 인하여 투하장주의 물리적인 위험이 잠재하여 더 이상 효과적이지 않거나 중요하지 않을 경우 투하를 중지한다.

산불현장에 ATGS가 도착하기 전에 에어탱크가 먼저 도착시 에어탱크는 산불상황에 맞게 고도를 수정하며 다른 항공기와 헬기가 있을 경우 경계를 유지하고 교신을 하고 지상과도 교신을 유지하며 교신이 되지 않으면 지역관제기관에 상황보고를 하고 이전에 임무를 수행한 조종사에게 인수를 받아 에어탱크와 공중진화의 지식에 기초를 둔 최상의 임무를 수행한다.

항공기가 저속 저고도로 비행하면 항공기 날개와 헬기 로타브레이드에서 최대 125miles의 와류가 형성되어 회오리바람에 의한 터브란스로 인하여 산불행동을 격렬하게 갑자기 변화시킨다. 조종사는 항공기 와류의 효과를 고려해서 비행을 하며 가능한 방향전환을 하지 않고 화선을 따라서 평행하게 비행하며, 투하하고 상승할 때를 제외하고 높은 고도를 유지하여 와류의 효과를 최소화 한다.

산불현장에서 표준적이며 통상적이지 않은 비표준적인 기동을 할 때가 있다. 비표준 기동은 표준기동이 불안전하고 비효과적일 때 필요한 기동방법이다. 비표준기동을 할 때는 진행하는 작전의 중지가 필요하다. 비표준 기동을 하는 때는 다음과 같다.

- 전술항공기가 표적을 식별하기 위해 지나갈 때
- 우선회중에 수행한 투하
- 좌측궤도에서 비행하는 전술항공기
- 인가되지 않은 항로에 나타난 미확인 헬기
- 인가된 고도에서 이탈하는 항공기이다.

비표준 기동은 조종사가 ATGS에 요청하여 인가를 받고 수행하며 최종적으로 주의하고 확인하면서 기동한다.

4.3 에어탱크 및 헬기 협동진화

4.3.1 공중공간 사용

조종사는 시각 접촉으로 항공기 분리를 하고 교신유지로 산불상황과 에어탱크와 헬기의 위치 등 모든 상황을 보고 들어야 하며 비행장주고도(TPA:Traffic Pattern Altitude)를 유지해야 할 책임이 있고 헬기 운영은 ATGS를 통하여 인가와 협조를 받아야 한다.

에어탱크와 헬기가 같은 산불현장에서 작업 시에는 시각접촉을 하고 고도차이로 분리하고 지형적으로 격리한다. 헬기가 지리적으로 격리되지 않으면 헬기는 에어탱크가 오기 전에 안전을 위하여 잠시 공역을 이탈하여 담수 후 대기 하거나 지형적 여건에 따라서 산불가 장자리와 비산화를 진압한다. 비산화는 몇 개의 큰 산불로 발전이 될 수 있는 위험이 있기 때문에 최고의 우선순위이다.

에어탱크는 무전교신으로 헬기위치를 확인하고 한대씩 100~150피트의 고도로 진입하여 지연제를 투하하고 헬기가 투하하는 동안에 에어탱크는 지정된 고도에서 대기한다.

공중공격감독자가 없을 경우 헬기는 충돌 비행항로를 회피하기 위해 에어탱크와 교신과 통제절차를 확립한다. 500피트 이하 비행이 가능한 조건은 헬기 이착륙시, 헬기의 특별한 장주형태, 에어탱크의 지연제 투하시, 헬기가 폼을 투하시 등이다.

지상에는 항상 인원이 있으므로 투하고도는 연료상공의 꼭대기로부터 최저고도 150피트로 제한한다. 그러나 비상시에는 고도에 관계없이 투하하고 지상인원에게 경고를 한다.

저고도 비행으로 지연제 공중투하시 에어탱크 협조자, 선도기 조종사, 전술항공기 조종사, 공중전술반, 공중감독자는 사전에 산불지역의 장애물과 공중의 상황을 조사한다.

[표 4-6] 공중진화 항공기 장주(TPA)

항공기	최저항로고도	최저진입고도	합동 운용시 최저진입고도	최저기동고도
Air Tac	1,000 피트	2,000 피트	2,500 피트	500 피트
Airtanker	1,000 피트	1,000 피트	1,500 피트	150 피트
Helicopter	1,000 피트	500피트 이하	500피트 이하	500피트 이하

(출처:CDF, "Aviation Procedure Hand Book" USDA)

4.3.2 협동진화 운용

캘리포니아주의 어느 곳이나 진화항공기는 20분 이내 도달할 수 있다. 여러 곳에 분산된 진화항공기 기지는 전략적인 장소에 배치되어 있다.

대부분의 헬리텍 기지는 항공기의 응답시간을 단축하기 위해 기지 사이에 위치한다. 진화항공기가 호출을 받고 기지를 출발시 공군처럼 출격을 한다. 에어탱크와 헬기의 고도는 서로 다르므로 더욱 시각접촉을 하여야 한다. 서로 산불상황과 에어탱크의 투하, 헬기의 위치 등 모든 상황을 보고 들어야 한다. 무전교신으로 에어탱크는 헬기위치를 확인하고 물을 투하한다.

에어탱크는 헬기가 먼저 도착하지 않는 한 일반적으로 먼저 현장에 도착한다. 에어탱크는 높은 고도에서 하며 지상의 무전을 수신하면서 관측하여야 한다. 에어탱크는 안전을 위하여 연기로부터 멀리 떨어진 반대편에서 배치된다. 그들은 2배나 많은 비행기를 볼 수 있도록 반대편 고도에서 비행한다. 에어탱크는 한대씩 저고도로 진입하여 물을 투하한다.

그러는 동안 헬기는 저고도로 담수하러 가며 산불가장자리와 비산화를 진압한다. 산불이 크지 않다면 에어탱크와 헬기는 같은 시간에 운용하지 않는다. 만약에 1대의 헬기가 있다면 헬기가 투하하는 동안 에어탱크는 그 고도에 있으므로 헬기는 쉽게 운용이 되며 에어탱크는 다른 항로에서 대기하여야한다.

다음 도해는 항공기의 궤도와 밖에서 대기하는 단면을 보여준다. 각각 다른 고도에서 대기를 하는 것이다. 무전교신을 듣고 시각으로 확인하면서 운용되는 것이다.

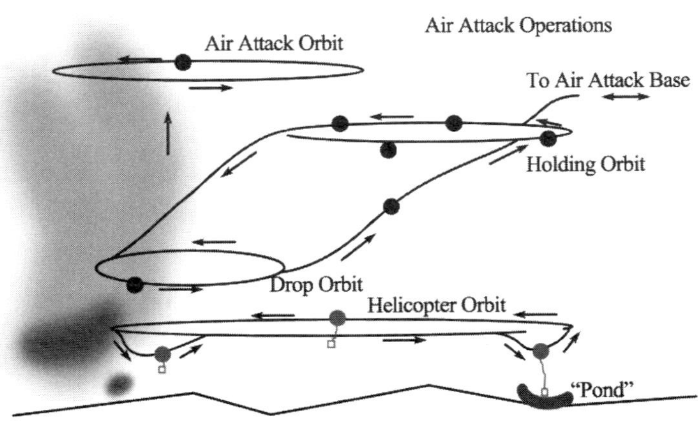

[그림 4-9] 진화항공기 운용 다이어그램
(출처:http://fire.norca/scan.org/air/drop)

헬기는 때로 고정익보다 먼저 도착할 수도 있다. 공중공격에서 에어탱크는 고도가 높아서 바람과 기상, 산불상황을 보는 것이 좋다. 헬기가 물을 뜨는 곳은 근접한 담수지이며 무전수신을 한 안전을 위하여 잠시 동안 헬기는 에어탱크의 항로 밖에서 대기한다.

에어탱크가 현장에 도착하여 고도를 확보하여 철탑선의 위치, 산악의 높이와 하강풍, 산불의 행태를 잘 알고 산불을 진압 한다. 다음에 산불의 목표를 알고 할 수 있는 한 직접공격을 한다. 에어탱크는 공격 후 연료와 지연제를 재보급하기 위해 가까운 기지로 돌아온다. 무전수신으로 재보급 후 오라 또는 대기하라는 지시를 받는다.

산불이 여러 곳으로 확산되지 않는 한 에어탱크는 기지로 복귀하여 대기한다.(load and return or load stand by)

캘리포니아 산불에서 통상 에어탱크 4대와 1~2대의 헬기가 운용되었다. 때로 산불에는 8대의 에어탱크, 4대의 헬기, 의료헬기, 선도항공기가 출동한다. 스모크 점퍼 비행기는 스모크 점퍼요원 외 화물과 지원 장비를 탑재한다.

4.4 항공진화기술

4.4.1 에어텡크 진화체계 및 진화기술

에어탱크는 연방정부 자산이며 산불운영에서 최초공격 및 확장된 공격에 사용하고 넓은 지역에 소화제를 빨리 투하 할 수 있다.

에어탱크는 연방항공규정(FAR:Federal Acqusition Regulations) Part 137의 규정에 따라서 산림청에서 상업적 계약에 의해서 획득하나 MAFFS는 군의 자산이므로 군과의 협정에 의하여 필요시 지원을 받는다.

항공기는 지연제의 탑재용량에 따라 4개의 카테고리로 운용되며 조종사는 정조종사와 부조종사로 나누어 정조종사는 감독자, 선도비행기 없이 산불진화가 가능하나 부조종사는 경험과 훈련이 필요하므로 감독자 통제 하에 필수적인 상황에서만 투하한다.

에어탱크의 기지는 국토관리국과 산림청, 지방정부에서 지원한다. 에어탱크의 파견절차, 제한사항, 시작과 종료시간, 특별한 요구사항 등 모든 운영을 지원하기 위하여 ATGS, ATCO, 지역동원가이드, 에어탱크기지운영자(IATBOG:Interagency Air tanker Base Operations Guide)등에 의해서 수행한다.

에어탱크의 관리는 에어탱크 매뉴얼(IAM:Interagency Airtank Manual) Part 57 및

IATBOG에 따라서 시행하며 기지운용은 IATBOG에 국가적 표준운영절차 및 규정이 수록되어 있다. 운송능력은 2,000~3,000 gallon이며 최초공격과 대형 산불진화에 매우 효과적이며 뜨거운 불(hot spot)을 약화시켜 시간을 벌 수 있으며 또한 건물 및 가치 있는 자원을 보호할 수 있다. 에어탱크는 보통 10분 이내 재보급을 하며 연료물질의 종류와 전술, 요구에 따라서 다양한 투하패턴을 제공할 수 있도록 탱크 출구 시스템을 사용한다. 연속투하는 한번의 투하로 하나의 목표 진화시 사용되며, 분리투하는 소규모의 다수 목표를 진화시 사용한다.

물투하 방식은 분할 투하(split drops)는 여러 번 나누어서 투하하는 것이고 노선투하(trail drops)는 탱크를 연속(sequence)으로 열어서 투하하는 것이고 일제투하(salvo drops)는 모든 탱크를 동시(simultaneous)에 열어서 소화제 전부를 한꺼번에 투하할 때 사용한다.

[표 4-7] 물투하 방법

구분	분할 투하	일제 투하
방법	Split, Trail	Salvo
	Sequence	Simultaneous

투하시 에어탱크의 저공비행은 익단와류로 인하여 산불의 행태가 급변할 수도 있으므로 주의해야 한다. 최상의 투하높이는 연소물에서 150피트이다. 싱글엔진 에어탱크(SEAT:Single Engine Air tanker)는 신속한 기동과 생지, 자갈, 잔디 등 가용한 이착륙지가 많아서 물량은 400~800갈론 이지만 50마일 이내의 작은 산불의 최초진화에 효과가 있으므로 싱글엔진 운영가이드(ISOG:Interagency SEAT Operating Guide)에 의한 통합적인 전략의 한 부분으로 국토관리국과 산림청은 에어탱크와 합동으로 공중진화를 하도록 허가한다. [표 4-8]은 에어탱크의 장・단점이고 [그림 4-9]는 에어탱크의 물담수 기본패턴이다.

[표 4-8] 에어탱크의 장단・점

장점	단점
・대량살포 ・일제히 길게, 조금씩 뿌리듯 조밀하게 살포 ・광범위한 살포지역 형성 ・이동시간이 빠르다	・지형에 따라 활용이 제한됨 ・이·착륙지 제한 ・급격히 굽은선 따라 살포제한 ・정밀성 미흡 ・지상진화요원에 상대적 위험 ・단일목적 용도에 한정운용

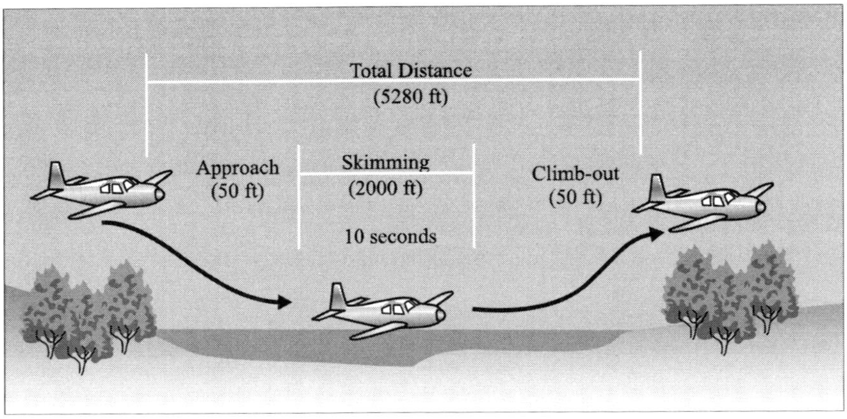

[그림 4-9] 에어탱크 물담수 기본패턴
(출처:http//airtanks.org)

[그림 4-10] L-215 에어탱크 담수 및 물투하 모습

〈에어탱크 진화기술〉

항공진화의 첫 번째 핵심은 빠른 초동진화 이다. 산불을 탐지시 반 헥타르(1에이크) 확산되는 보통의 산불은 한번에 반 헥타르 씩 통제하여 한 시간이내 진화를 할 수 있어야한다. 만일탐지 후에 두 시간을 공격하였다면 그것은 4헥타르 이하로 같은 산불을 통제하기에 어려울 것이다. 4시간 후는 통제하기 전에 50헥타르에 이를 것이다.

소형 산불을 초동 공격하는 두개 기술의 효과를 비교하면 기지에서 산불지역까지, 산불지역에서 담수지까지의 거리와 가용한 항공기 수에 의한다. 기지에서 산불지역까지의 장거리는 산불이 증가하고 담수지에서 산불지역까지의 단거리는 산불의 감소가 된다. 소형 산불이지만 산불근처의 호수로부터 운용하는 에어탱크 조종사는 빠르게 확산되는 산불의 진행을 계속 주시하고 높은 물탑재 이동률로 충분한 물살포를 한다. 대조적으로 장시간의 비행은 접근하기 전에 산불상황을 잘 모르는 경우가 있으므로 공중통제기에 의하여 통제된다.

에어탱크에 의하여 가장 자주 선택한 기술은 초동공격에서 산불을 진압하기 위하여 충분한 지연제를 탑재하여 이동하는 '1회 공격' 개념이다. 성공적인 1회 공격을 위해서 단시간에 많은 량의 지연제를 투하한다. 성공적인 1회 공격의 결과는 산불피해지역을 최소화 할 것이다.

대형 산불에서, 항공기는 일반적으로 비산화를 통제하고, 산불지역내의 화세가 강한 곳, 화지 밖의 타다 남은 곳, 지상승무원과 진화대, 장비를 위한 앞쪽 화염의 약화, 및 방화선을 설치하거나 강화하는 것이다. 이런 기술은 최대한의 임무효과를 위하여 사용된다.

에어탱크가 리타던트로 방화선을 구축하여 산불의 확산을 저지하고 소형에어탱크가 직접진화를 한다.

1) 표적의 확인

한 작은 지역의 산불이면 산불의 표적 확인은 문제가 없다. 10헥타 이하의 산불이면 산불지휘자가 조종사에게 살포하는 표적을 확인 할 수 있는 몇 가지 방법이 있다. 강, 도로, 다리, 등과 같이 쉽게 구분할 수 있는 것을 참고하여 표적을 학인 하는 것은 쉽다. 또 다른 방법은 방위각으로 알려주어 주변의 장소를 정확하게 학인 할 수 있다.

하루이상 타는 대형산불에서 조종사는 격자지도에 산불의 규모를 표시한다. 산불지휘자는 격자지도를 참고하여 표적을 확인한다. 또 다른 방법은 산불경계선을 몇 개의 구획으로 구분하여 특별한 표적을 확인 한다.

2) 투하기술

표적에 투하되는 물은 가끔 노력과 비용의 소모를 가져오고, 중요한 상황에서 산불을 통제할 수 없는 결과가 될 수 있다. 물투하시 핵심요소는 정확성이다. 적절한 속도와 고도로 바람수정을 하여 정확한 장소에 투하한다.

① 접근

표적에 접근시 강하 또는 수평접근을 한다. 두개의 경우에서 조종사는 알맞은 속도로 표적에 접근한다. 강하접근은 파워를 감소하고 고도를 잃지 않게 충분한 예상을 하여 라운드아웃 하는 동안 파워를 증가한다. 수평접근 파워는 물투하 전에 작은량의 증가로 일정한 접근을 한다.

강하접근은 수평접근보다 단순하지만 시정이 더 좋아야 한다. 임무를 하기위한 비행 계획시 조종사는 탑재된 물을 보류할 수 있는 것을 항상 예상 한다. 왜냐하면 표적위치를 확인하지 못할 때가 있거나 고장이 나거나 방아쇠의 실수로 물을 투하 할 수 있기 때문이다.

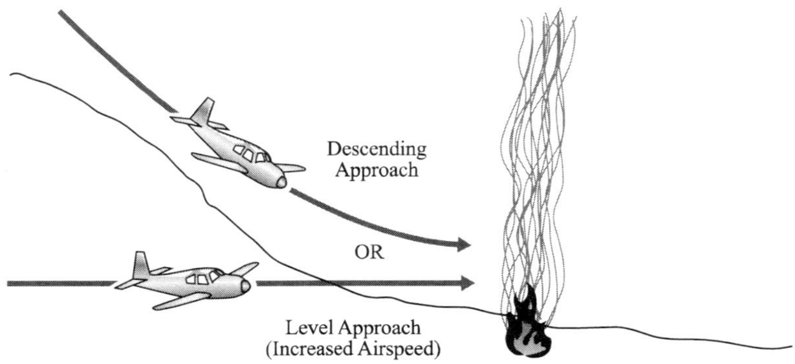

[그림 4-11] 수평 및 강하 접근 기술

(출처:The use of Aircraft in Forest Protection, Vincent J.M. Gervais, 1975)

산악지형은 조종사의 시정을 방해하여 항공기에서 지상 진화대를 보는 것을 방해한다. 산악지역에서 항공기는 어디든지 가능하고 정상으로부터 경사면을 따라 표적에 접근한다.

특별히 산악지역에서 강한 바람은 강한 와류로 인하여 하강풍을 만드는 경향이 있다. 와류의 현상은 공기의 흐름, 연기의 관측으로 탐지할 수 있다. 경험이 많은 조종사는 평상시보다 속도의 안전범위를 유지하고 고도도 약간 상승한다. 또한 이탈항로를 식별하고 엔진파워를 증가하며 비상 상황시 물투하 준비를 한다.

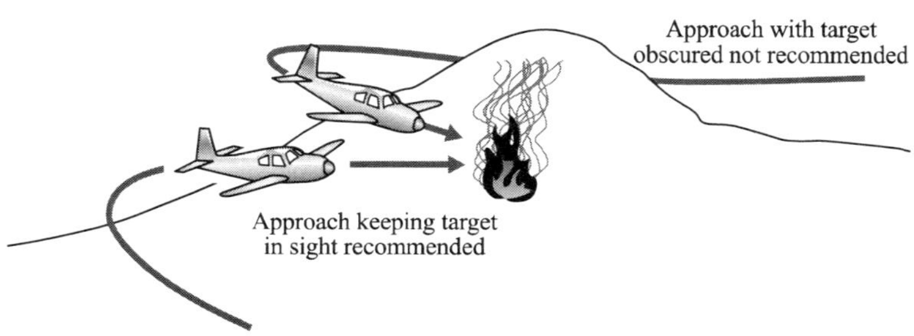

[그림 4-12] 산악지형에서의 접근 기술

(출처:그림 4-11과 동일)

② 투하고도

최적의 투하고도는 의견이 다양하다. 초두부위 45m(150ft)가 바람직하다고 생각하나 가능한 저고도로 투하하는 조종사도 있다. 경험자는 저고도로 투하는 것이 부식증발과 분산을 최소화하고 침투성은 증가하기 때문에 강한 산불을 더 작게 하는 것을 보여준다. 또한 높은 고도에서 투하하는 약한산불은 억수로 투하되는 소화액이 넓은 지역에 떨어지기 때문에 더 효과가 있음을 보여준다.

저고도 투하는 초목에 불필요한 피해를 주고 지상에 있는 사람과 장비에 잠재적 위험이 되며 조종사의 우수한 기술이 필요하다. 한편 지연제 투하는 낙하하는 중에 소화액이 증발 및 분산이 적은 경향 때문에 물투하 고도 보다 더 높은 고도에서 한다. 산불이 발생하면 더 완전히 소멸시켜야 하는데 높은 고도에서는 정확성이 감소되고, 바람이 효과로 산불은 확산되며 높은 고도의 표적은 판단을 잘못할 가능성이 있다.

③ 투하속도

언제든지 모든 투하는 같은 속도로 하여야 한다. 에어탱크는 일반적으로 125~150knts이다. 보통보다 빠른 속도로 투하시 표적 앞으로 투하된다. 이것은 많은 투하량의 궤도는 빠른 속도로 더 앞으로 나가기 때문이다.

④ 투하

조종사가 버튼을 누르면 하이드로릭 또는 압축공기 시스템의 탱크문이 열리면서 물이 투하된다. 항공기 종류에 따라 버튼의 운동량이 탱크에 전달될 때까지 2초~ 5초 걸린다. 그 시간 동안 항공기는 상대적으로 빠른 속도로 이동한다. 짧은 시간동안 물은 후류로 인하여 항공기 뒤쪽으로 투하된다. 실제적인 물투하 거리는 물이 투하되어 걸리는 시간에 의한다. 물은 항공기의 항적을 따라서 앞으로 퍼지나 한 장소에 떨어지지는 않는다.

조종사는 항공기가 도착하기 몇 초 전에 방아쇠를 당겨야 한다. 조종사는 바람의 효과를 보상하면서 최선의 고도와 속도에서 정확히 투하버튼을 눌름으로서 정확히 목표에 투하하는 것을 배워야 한다.

일반적인 규칙으로 높은 고도에서 투하는 약간 늦게 투하하고, 낮은 배풍로에서는 바람 쪽으로 좀 더 빨리 투하한다.

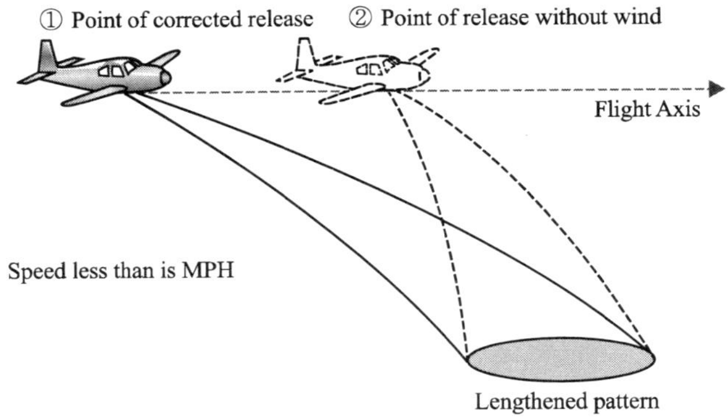

[그림 4-13] 기본적인 투하 패턴
(출처:그림 4-11과 동일)

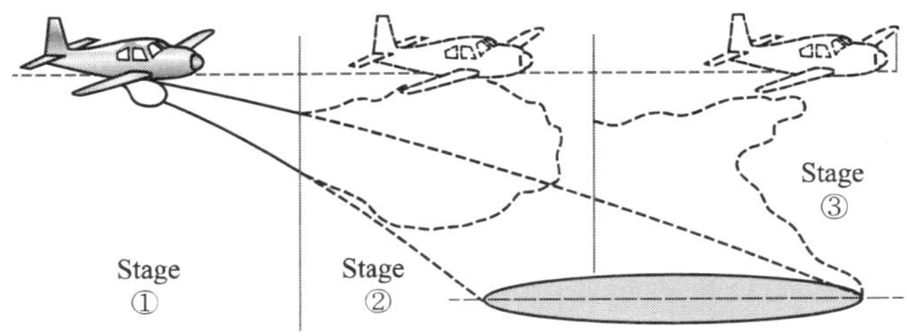

[그림 4-14] 거리별 투하 패턴
(출처:그림 4-11과 동일)

⑤ 기수 상승

모든 진화항공기는 물투하 후 빈 탱크로 인한 갑작스런 무게의 감소로 인한 무게중심의 이동과 기체후미의 공기흐름이 아래로 가는 요소들로 인하여 기수각이 조금 상승하게 된다. 항공기의 기수 상승을 조종사는 탄력(bounce)효과로 사용한다.

⑥ 바람의 이용

풍향은 물투하 결과에 영향을 주기 때문에 특별히 매우 중요하게 고려한다. 일반적인 규칙으로 화두를 공격시 비행의 측풍투하의 잇점이 있다. 왜냐하면 편류량의 잘못된 판단으로 물투하의 효과가 소모되지 않게 하기 위하여 편류를 고려하여 물투하를 하여야 한다. 측풍공격은 연기로 인한 장애물로 조종사의 시계확보를 적게 한다.

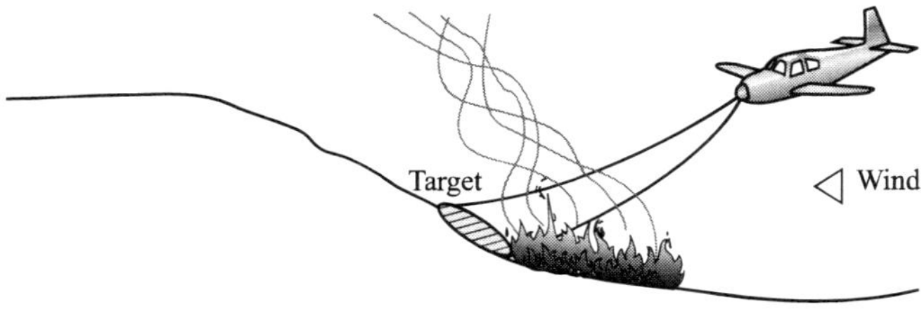

[그림 4-15] 측풍 수정 투하
(출처:그림 4-11과 동일)

배풍 투하는 물을 더 빠르게 분산시키고 투하길이가 길다. 왜냐하면 바람은 투하된 물을 앞으로 보내기 때문이다. 그럼에도 배풍로 투하는 화두전방의 많은 연기로 인하여 공격효과의 정확성을 달성하기에 보다 어려우므로 배풍투하는 실제로 잘 사용하지 않는다. 조종사는 연기에 도달하기 전에 물투하를 빨리하고 이탈한다.

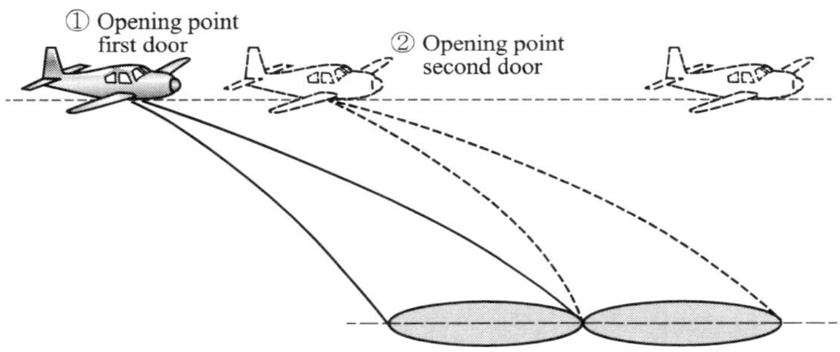

[그림 4-16] 배풍 수정 투하
(출처:그림 4-11과 동일)

정풍 투하는 짧고 보다 집중된 형태이며 보다 정확하므로 뜨겁고 강한 비산화의 적은 표적을 공격하는 상당히 집중이 필요한 지역에 자주 사용된다.

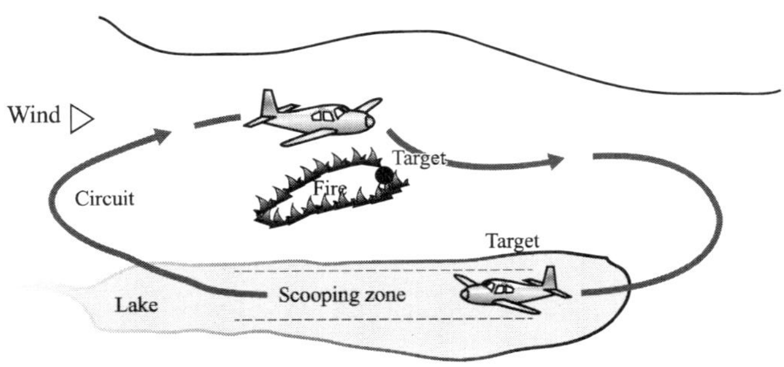

[그림 4-17] 물투하 체계도
(출처:그림 4-11과 동일)

⑦ 지형고려

산불현장이 수평접근이 불가능한 지역일 때, 조종사는 강하, 방화선 설치, 강하 공격을 한다. 강하공격은 지형의 경사를 따라서 하고 투하하기 전에 나무보다 높은 고도와 시야를 확보하며 속도를 크게 증가하지 않고 적절한 강하율을 유지하여야 한다. 물투하가 화선보다 높은 쪽에 투하되었다면 물은 화선 쪽으로 흘러 갈 것이다.

급한 경사에 있어서 더 효과적인 투하형식은 선회를 하면서 투하하는 것이다. 이것은 표적에 물을 투하하여 지상진화대와 동시 시간대 공격의 효과가 있다.

강하 공격은 거친 지형에 정확하게 운용하는 유일한 방법이다. 항공기는 표적에 직접 공격하고 급상승의 순간에 투하한다. 숙련된 조종사는 이 방법으로 높은 정확성을 달성한다. 그러나 그것은 일부 조종사의 신중한 판단이 요구되며 항공기에도 스트레스를 견디기에 위험한 기술이다.

4.4.2 헬기 진화체계 및 진화기술

미국의 국가기관협조센터(NICC)는 Type Ⅰ, Ⅱ헬기배치에 책임이 있으며 헬기 매니저는 헬기운용의 전반적인 책임을 진다. 산불진화 및 일반적 임무는 헬기운용지침서(IHOG:Interagency Helicopter Operations Guide)의 헬기운용 정책에 따르며 헬리텍과 헬기운용자에게도 가이드를 제공한다.

헬기 페펠・카고지침서(IHRG:Interagency Heli-Rappel and cargo let-down Guide)는 헬기 레펠과 카고 운영 방법에 참고하고 항공연소지침서(IAIG:Interagency Aerial Ignition Guide)는 모든 공중진화활동에 참고한다. 즉 IHOG, IHRG, IAIG의 3가지 가이드는 모든 헬기운용자를 위한 국가기관 규정과 표준운영절차를 발전시키고, 일반적인 산불을 초과하는 대형산불 진화시 다른 기관으로부터 인원의 교대, 헬기 계약자와 관련한 정부의 협조와 체크리스트, 운용 요구사항, 헬기기지에 대한 특별한 협조지시, 계약한 헬기가 산불현장 지원을 할 수 있는 주정부 헬리 베이스 내의 체제를 구성한다.

항공진화를 위한 비행 전에 승무원은 조종사, 비행매니저, 헬기관리자, 비행기지관리자 등으로부터 브리핑을 받는다. 브리핑은 사고대응휴대지침서(IRPG:Incident Response Pocket Guide)와 IHOG를 참고 한다. 헬기는 제자리비행, 수직상승 및 강하, 모든 방향으로 기동을 할 수 있어 항공진화시 높은 잠재적 효과가 있다. 100~3,000갈론의 물량은 바켓(burket) 또는 스노클(snorkel)을 장착한 고정탱크로 운송하며 근접지원을 제공하며 다양한 용도로 활용할 수 있다. 가까운 담수지나 방화제 기지에서 재보급을 하므로 빠르게 산불을 진화할 수 있어서 매우 효과적이다.

또한 신속한 기동과 정밀한 투하는 농촌·도시 인접지(wildland·urban interface fires)산불진화에 고유한 기능을 제공한다. 소형 및 중형헬기는 특별한 표적에 정밀투하를 하여 지상진화대에 직접지원 하기에 가장 효과적이다. 조종사는 비행계획을 따르며 시각비행상태(VFR:Visual Flight Rule)조건에서 비행을 한다. [표 4-9]는 헬기의 장·단점이다.

[표 4-9] 헬기의 장·단점

장점	단점
·좁은 지역에 정밀 살포 ·지형조건 제한 적음 ·굽은 지형을 따라 투하 ·잔불정리	·소량탑재 ·살포지역 협소 ·소화선 일부분만 가능 ·에어탱크보다 이동시간 소요

〈헬기 진화기술〉

헬기는 지상인력에 대한 근접지원을 하며 진화를 한다. 헬기는 직접진화와 비산화(spot fire)진화, 잔불정리, 화선지역의 인원이동, 장비지원, 부상자 후송, 현장정찰, 지휘통제 등에 유리하게 운영된다. 헬기의 직접진화는 초기의 불, 작은 불을 물론 큰불의 범위 내에서 강한 불이 있는 곳, 달구어져 쉽게 불이 일어날 수 있는 곳(hot spots)에 통상 실시한다.

진화는 풍속이 감소할 때, 경사가 완만할 때, 연료가 초본이거나 키작은 관목일 때, 가벼운 연료가 표면을 덮고 있을 때 효과적이며 헬기가 산불지역에 최초 도착시 조종사는 진화하기 전에 안전을 위하여 대기의 특성을 파악 할 수 있는 연기의 상태, 요란기류, 풍향풍속, 확산방향, 거대한 나무, 전기선, 탑 등의 장애물, 진화운영계획, 진입 및 이탈지역 등을 확인한다.

① 목표접근 및 물살포 기술

산불화두에 대한 접근은 다양한 고도와 속도에서 이루어진다. 조종사가 접근하는 최초 비행속도는 50~60knts(자동활공속도)로 시작하는 것이 권고된다. 물살포 속도는 가능하면 동일 속도에서 하는 것이 좋으며 너무 빠르면 목표를 지나칠 수 있고 물살포의 길이를 더욱 길게 한다. 조종사가 원하는 속도로 상승, 강하, 수평 접근으로 한다.

② 상승접근은 조종사가 목표를 잘 볼 수 있도록 해주나 기계적 고장 발생시 안전을 위협하게 한다. 이 접근은 고도를 잃지 않도록 파워를 증가하여 안전한 고도와 속도증가로 상승 타성을 이용하여 능선 정상을 가로질러 상승을 유지한다. 이탈은 상승 타

성을 이용하여 능선 위를 직진하거나 추가 동력 없이 정상 경사 선회가 되어야 한다.

③ 강하접근은 지형의 경사를 따라서 강하하고 살포하기 전에 나무보다 높은 고도와 시야를 확보하여 감속된 속도로 기수를 숙여서 적절한 강하율을 유지해야 한다.

④ 수평접근은 조작이 단순하며 적은량의 파워증가로 경사면을 횡단하여 목표지점에 일정하게 접근한다. 이탈조작(pull-out)은 충분한 지형 회피공간이 제공되도록 계획되어야 한다.

⑤ 경사면 횡단 투하는 위든 아래든 특별한 문제가 없지만 급경사 지형에서 높은 쪽 로타 안전공간에 유의한다.

⑥ 제자리 비행 살포는 타버린 지역이 아니면 활성화된 지상 화재에 엄격히 금지된다. 로타(rotor) 하강풍이 강해 불을 확산시키고 진화대원을 위험에 빠트릴 수 있다.

⑦ 단독 그루터기 수목이나 그와 유사한 목표에 물을 살포 할 때는 변화된 퀵스톱(quick stop)조작, 또는 저속 살포 방법을 사용한다. 살포속도가 높고 고도가 높을수록 산불에 하향풍의 영향이 적다.

⑧ 주의할 것은 조종사는 표적위치를 확인하지 못하거나 투하시스템 고장이 날 경우에 탑재된 물을 보류할 수 있는 것을 항상 예상한다.

⑨ 바람은 기동 및 물살포에 많은 영향을 미치므로 평상시와는 다르게 운항한다. 특히, 산악지역에서 강한 바람은 기체하강(down draft)을 나타내므로 평상시보다 조금 높은 고도에서 이탈항로를 정하고 엔진의 힘을 증가시키며 비상시를 고려하여 물을 투하시킬 준비를 한다.

⑩ 측풍(cross wind)비행은 산불의 화두부분에 공격시 효과적이며 조종사는 편류량 만큼 오조준을 하여 진화를 한다.

⑪ 항공기는 물살포 후 빈탱크로 인한 무게의 감소로 무게중심의 이동과 기체후미의 공기흐름이 아래로 가는 요소들로 인하여 기수각이 어느 정도 상승하게 된다. 기수 상승을 조종사는 탄력(bounce)효과로 사용한다.

⑫ 배풍로 살포는 물을 빠르게 분산시키고 투하길이가 길므로 조종사는 연기에 도달하기 전에 물살포를 빨리하고 이탈해야 한다. 정풍살포는 짧고 보다 집중된 형태이며 보다 정확하므로 뜨겁고 강한 비산화와 같이 집중이 필요한 지역에 사용한다.

⑬ 물살포시 적정고도는 초두부에서 15m(50ft)전・후이며 지형에 따라서 30m(100ft) 전・후에서도 살포를 한다. 적절한 고도는 소화약제의 증발과 분산을 최소화 하며 연료에 대한 침투가 양호하여 진화에 효과적이며 매우 낮은 고도는 헬기의 후류로 인하여 산불을 확산시키며 지상인원에게 피해를 줄 수 있고 높은 고도는 소화약제의 분산이

많아 효과적이지 못하다.

⑭ 물살포는 물탱크 스위치를 누른 순간 탱크문이 열리며 물이 낙하하기 시작하고 기종에 따라서 낙하시간은 2초~5초 걸린다. 이를 고려하여 조종사는 목표지점에 도착하기 몇 초전에 선도점을 선정하여 살포를 하며 높은 고도에서는 약간 빨리하고 낮은 고도에서는 다소 늦게 투하한다.

⑮ 2개의 작은 비산화는 하나의 큰 산불로 합쳐지거나 진화대원이 퇴로가 비산화 사이에 갇힐 수 있으므로 비산화는 언제나 주불보다 진화우선순위를 갖는다.

〈물살포시 고려사항〉

공중진화시 첫째 필수사항은 신속한 초기 진화이다. 즉, 공중진화시 고려사항은

① 불의 규모와 가용한 공중, 지상진화대를 고려하여 진화전술(직접 또는 간접진화)을 결정한다.

② 고정점(anchor point)을 확정한다.

③ 적절한 비행고도 및 물 살포 범위(길이와 폭)을 조절한다.

④ 가능한 태양을 등지고 물을 살포한다.

⑤ 효과적인 통신유지로 물살포의 정확한 평가를 한다.

⑥ 물살포 계획은 효율적으로 확장되거나 추가되도록 한다.

또한 산불현장의 지형, 화선 등은 시계방향(clock orientation)으로 항공기에게 알려야 한다. 사전계획(lead plan)은 산불진화시 높은 안전수준을 제공한다.

진화하는 헬기는 비행조건의 위험요소인 시정, 요란기류 등을 잘 파악하여 회피비행을 하여야 한다. 높은 온도와 낮은 습도에서 크고 빠르게 확산되는 불은 많은 양의 물을 살포함으로서 효과적으로 진화되며 헬기의 기동성이 우수하여야 한다.

어떤 물살포 기술을 사용할 것인가를 결정시 평가할 요소들은 풍향, 풍속, 연소의 방향과 각도, 일반적인 지형특성, 경사도이다.

가장 변하기 쉬운 것은 연기의 흐름이다. 연기흐름은 살포할시 사용할 기술을 선택하는데 최종 결정요인이 되어야 한다. 특히, 우리나라는 기상조건 및 임상 등의 환경이 외국과 다르므로 우리나라에 적합한 산불의 형태와 지형, 풍향, 풍속에 따라서 헬기를 기동하는 방법이 필요하다.

〈물살포 기동기술〉

다음의 그림은 저자가 23년간 헬기진화의 경험을 축적하여 헬기의 효율적인 물살포 방안 유형분류 및 특성으로서 A형에서 K형까지 11개의 헬기 물살포 기술 유형을 정립하여 제시한 것이다.

본 내용에 의한 물살포시 기동방법은 현장상황에 따라서 개별적 또는 혼합하여 적절히 사용하여야 한다. 산림지역에서 산불발생시 헬기 기동 및 물살포는 공중진화의 전 과정에서 항공기 성능을 고려하여 안전하고 효율적으로 산불을 제어 할 수 있는 가장 핵심적인 요소이다.

(1) A형

A형은 측풍으로 진입하면서 화세가 약한 측면 및 하단부에 물을 살포하거나 배풍으로 진입을 하면서 경사면 위쪽으로 바람의 세기를 고려하여 화선보다 앞 부분분에 물을 살포하여 진화한다.

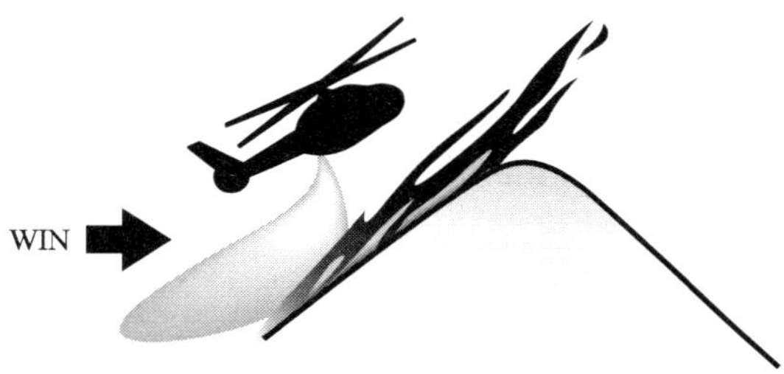

[그림 4-18] A형

(2) B형

B형은 진화지역이 넓을시 진화지역의 단계별 진화방법을 사용한다.

즉 산불규모를 적절히 분할하여 전방으로 겹쳐서 살포한다. 점차적으로 전방쪽으로 진화함으로서 화선의 길이가 작아지고 궁극적으로 화두를 진화한다.

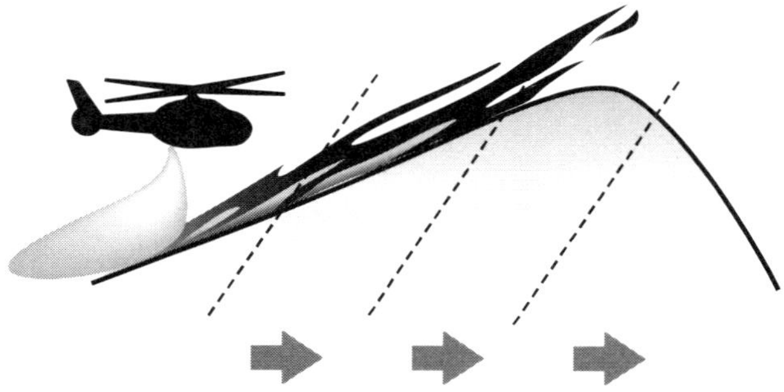

[그림 4-19] B형

(3) C형

C형은 화두가 강하고 연기가 시정을 방해할시 약한 화선을 먼저 진화한다. 연기가 감소되어 시정이 확보되면 화두를 진화한다. 화두가 강하여 직접진화가 곤란할시 화두부 전방에 방화선을 설치한 후 화세가 약해지면 화두부를 진화한다.

[그림 4-20] C형

(4) D형

D형은 화세가 능선을 넘어 높은 곳으로 진행할 우려가 있고 능선과 능선사이로 적절한 공간이 있을 경우 화두를 먼저 진화한다.

[그림 4-21] D형

(5) E형

E형은 비산화 지역을 확인 후에 화세가 강해지기 전에 조기에 진화한다. 비산화 지역은 현 산불지역에서 다소 이격된 곳에서 연기가 발생하는 것으로 알 수 있다

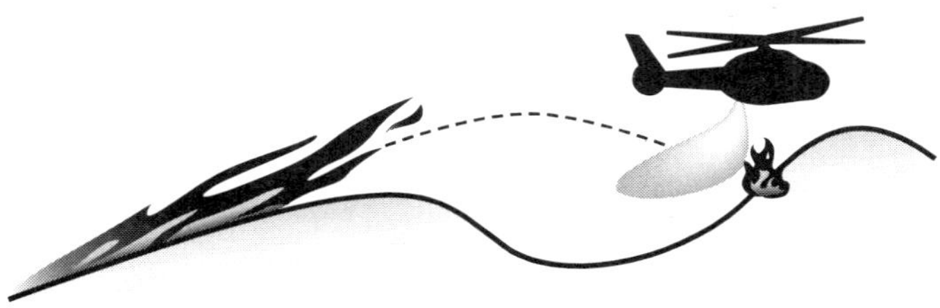

[그림 4-22] E형

(6) F형

F형은 무풍시 산불은 연소되지 않은 방향에서 접근하여 연기에 닿기 전에 물을 살포하고 이탈한다. 이때 물은 원심력으로 인하여 화선 쪽으로 낙하되어 진화가 된다.

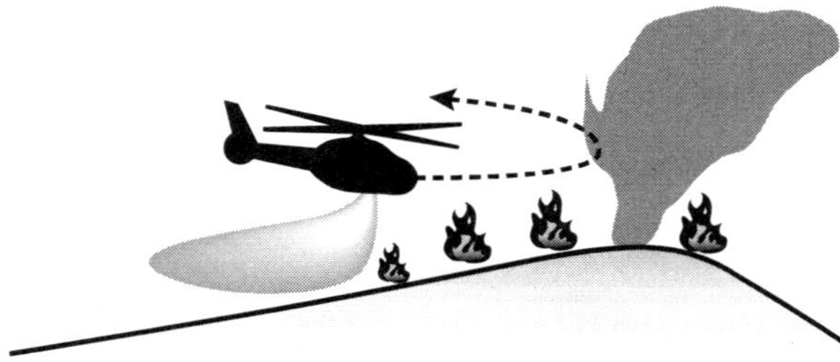

[그림 4-23] F형

(7) G형

G형은 소규모 산불이 발생시 먼저 진화하고 큰 불길을 진화한다. 소규모 산불이 수개가 있을 경우 하나로 통합하여 진화한다.

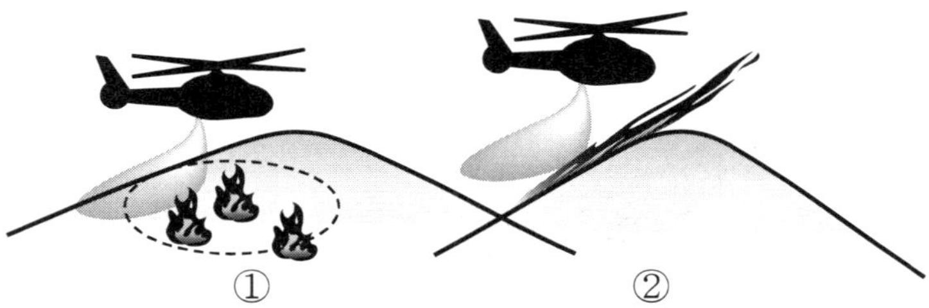

[그림 4-24] G형

(8) H형

H형은 급경사, 절벽, 고압선 지역은 접근 후 미리 완선회로 90도 이상 선회하면서 물을 살포한다. 살포되는 물은 원심력으로 낙하되어 진화 할 수 있으나 고도의 조종능력이 요구되므로 가능한 절벽 위쪽에서 제자리 비행으로 투하한다. (주의:급상승 투하는 금지)

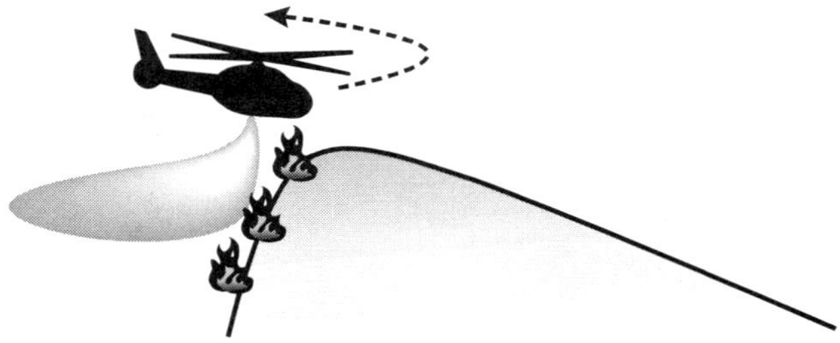

[그림 4-25] H형

(9) I형

I형은 고압선 지역에서 안전을 고려하여 저속비행이나 제자리비행(hovering)상태에서 물을 투하하고 가능한 고압선에서 이격하여 방화선을 설치하는 것이 효율적이다.

[그림 4-26] I형

(10) J형

J형은 협곡의 양쪽에서 발생한 산불은 각각을 구분하여 진화한다. 협곡이 좁은 경우 불길은 서로 영향을 주고받는다.

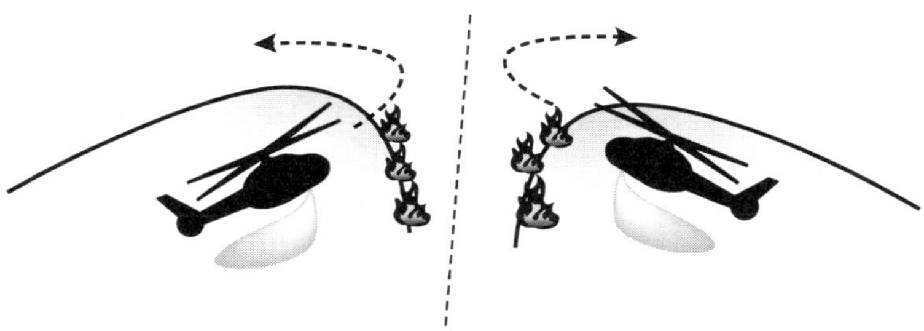

[그림 4-27] J형

(11) K형

K형은 침엽수와 활엽수 지역 산불 발생시 침엽수 지역을 먼저 진화한 후 활엽수 지역을 진화한다.

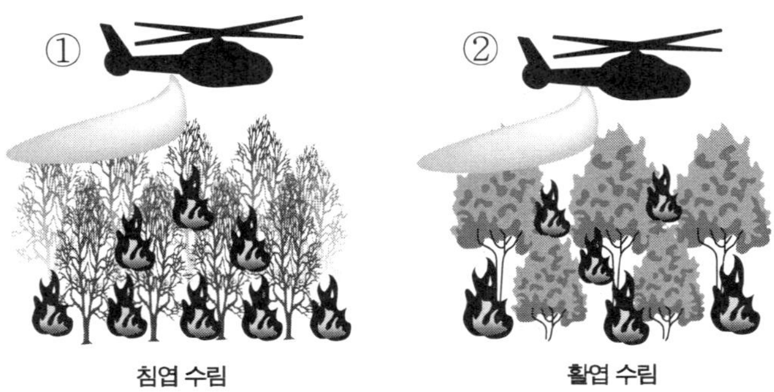

[그림 4-28] K형

A형에서 K형까지의 기동형태는 조종사의 기량에 따라서 변형 및 혼합하여 사용 할 수 있으며 종합적으로 요약하면 다음의 [표 4-10]과 같다.

[표 4-10] 헬기 물살포 방법 요약

유형	살포 조건	화세	물살포 방법	비고
A형	· 보통경사 이하	· 모든 화세	· 측면 하단부 살포	· 전 모델 공통
B형	· 보통경사 이하	· 모든 화세	· 측면 하단부 살포 · 앞쪽에서 단계별 살포	· 넓은 지역 분할
C형	· 보통경사 이하	· 화두가 강할시 · 시정 방해시	· 약한 화선 우선진화 · 화두전방 진화선 설치	· 간접진화
D형	· 보통경사 이하	· 능선 넘어로 진행 할 때	· 화두 우선진화	· 시계 차단시 C형으로 전환
E형	· 보통경사 이하	· 비산화 발생	· 비산화 우선진화	· 비산화 확산 전 진화
F형	· 보통경사 이하	· 무풍으로 소강 상태	· 연기에 닿기 전 살포	· 원심력 이용
G형	· 보통경사 이하	· 소규모 산불 산재시	· 소규모 산불은 묶어서 진화	-
H형	· 급경사, 절벽	· 모든 화세	· 90도 이상 선회하면서 살포 · 하바링 살포	· 급상승 살포 금지
I형	· 고압선지역	· 모든 화세	· 저속비행, 하바링 살포 · 화세강할 때 방화선 설치	· 간접진화
J형	· 협곡지역	· 모든 화세	· 구분하여 진화	-
K형	· 침엽수, 활엽수지역	· 모든 화세	· 침엽수 우선진화	-

(출처:산불공중진화에 관한 연구, 배택훈 박사논문, 2014)

[그림 4-29] Ka-32T 헬기 담수 및 진화

〈잔불정리(Cold Trailing) / 뒷불감시〉

잔불정리는 전소된 방화선을 따라 작업하는 것을 의미한다. 방화선을 따라가면서 연기, 불꽃 등으로 활화 지점의 존재여부를 조사하여 물을 투하한다. 산불진화 후에는 산불지역을 당분간 순찰비행을 한다. 위험이 낮아지면 공중 순찰도 줄인다.

〈벨리탱크 운영을 위한 지상급수〉

물 투하 운영을 지원하기 위해서 급수차가 필요하다. 고정식 탱크(벨리탱크)를 장착한 헬리콥터는 보통 고정된 수원지(소화전, 호수, 개울 등) 또는 재보급용 급수차량에 의지해야 한다. 이러한 헬리콥터도 급수차 지원을 받아 재 급수를 하여야 할 경우도 있다.

헬리콥터에 재 급수를 위한 헬리콥터 착륙장을 만들 때, 이러한 점을 염두에 두어야 한다:

① 운영을 하기에 충분한 물을 공급할 수 있는 수원지가 있을 것. 타입Ⅱ헬리콥터는 시간당 7,200갈론의 물을 사용한다.

② 전선, 가로등, 나무 또는 다른 장애물의 장애가 없는 장소를 고를 것. 여유 공간은 접근시 최소 100피트 이륙시 최소 300피트 이어야 한다. 장소는 안전해야 한다. 모든 차량 교통과 구경꾼들은 잘 통제되어야 한다. 연방규정에 따라 학교 1,000피트 이내에서 운영할 수 없다. 풍향지시기가 없으면 풍향지시기로 깃발을 이용한다.

③ 헬리패트 규격은 20×20피트 정도 되어야 한다. 그 지역에서 작업하는 사람에게 날려갈 수 있는 모든 쓰레기들이 치워져야 한다. 먼지 통제가 중요하다. 먼지가 있다면 소방차로 사전에 물을 뿌리는 것이 좋다.

④ 급수차는 패드에서 최소한 100피트 이상 이격하고 기타 다른 장비는 200피트 이상 이격되어야 한다.

⑤ 패드에서 약 50피트 떨어진 곳에 건식 소화기를 비치한다.

⑥ 지상지원장비가 다 설치시까지 헬기는 착륙장에 접근금지 한다.

〈밤비바켓(Bumbi Bucket) 운용〉

항공진화는 벨리탱크 뿐만 아니라 밤비바켓을 사용한다. 바켓은 헬기 아래 외부에 장착한다. 바켓의 장점은 초기 비용이 적게 들고 설치가 쉬우며 개방된 수원지(호수, 개울 등)에 적합하며 담수시간이 벨리탱크(1분)에 비해 빠르다. 단점은 기동성이 떨어지고 헬기가 지면효과를 벗어나 이륙성능이 감소하고 항력이 많아져 속도가 감소한다.

또한 물을 채울 때 높은 집중력이 필요하여 조종사 피로를 증가 시키며 벨리탱크 보다 더 높은 조종사 기량이 필요하다 담수와 투하 전에 조종사가 바켓과 케이블을 볼 수 있도록 거울을 조절하고, 슬링 케이블 안전성을 점검하고 헬기가 뒤나 옆으로 착륙하기에 충분한 길이어야 하고 바켓 용량은 헬기 성능에 맞추어 수준을 조절한다.

바켓 살포는 약간 느린 것 외에는 탱크 투하와 거의 동일하다.

[표 4-11] 고정탱크 및 바켓 비교표

내용	고정탱크	바켓
낮은 투자비용		○
장착의 단순성		○
비상투하		○
신속한 다른 화물 운송 전환		○
넓은 노천 수원지 적합성-호수/강		○
고도의 기동성	○	
낮은지면효과 제자리비행/이륙으로 많은 인양능력	○	
적은 진동	○	
빈항공기 고속운항 복귀	○	
강한 돌풍에서 운용 능력	○	
장애물 상공에서 고도판단 용이성	○	
장주에서 정확하고 빠른 살포	○	

(출처:Professional Helicopter Pilot Guide, USDA Forest Service, 1996)

밤비바켓은 24볼트 시스템으로 설계되었다. 군, 민간 헬기에 장착된 투하 위치와 관련된 와이어는 규정에 충족하여야 한다. 인가된 방법은 필요한 물을 수송할 능력과 회로 차단기 보호를 고려하여 설계되었다. 이 스위치는 손상을 방지하고 조종사가 쉽게 운용하도록 안전하게 장착되었다.

이것을 콜렉티브나 사이클릭에 장착되어 있다. 미 연방기관을 위하여 일하는 민간운용자는 장비에 관련된 세부제원을 계약서에 명시하여야 한다.

밤비바켓의 기계적 조작은 매우 간단하다. 바켓은 덤프밸브에 연결된 케이블로 구불구불한 스프링 링이 있다. 바켓이 비어 있을 때 캠으로 인하여 케이블감기 수축으로 제 위치로 와 잠겨 진다.

바켓이 채워지는 것은 바켓을 담수지에 넣었다가 유연하게 끌어 올림으로서 수행된다. 물속에는 바위가 있다. 물투하 할 때 버튼은 압이 없어지고 잠긴 시스템에 솔레노이드를 해제하면 물의 무게로 스프링 감기가 풀어져 밸브가 열린다. 이후에 물은 흘러내리고 스프링감기는 원위치하여 잠겨 진다. 이것은 다음 투하를 위해 준비하는 것이다.

물투하 조종 스위치는 목표에 물이 정확하게 물이 떨어지는 시점을 위하여 덤프 벨브를 여는 약간의 지연 때문에 도달하기 전에 압을 주어야 한다. 실제로 하면서 시험 및 오류를 통하여 이 선도시간은 쉽게 배울 수 있다. 두 번째 투하버튼 해제는 매우 중요하다. 이후 만약에 장시간 버튼벨브를 사용하면 솔레노이드 벨브가 타버릴 수 있다. 바켓은 예방정비가 필요하다.

[그림 4-30] 밤비바켓으로 담수 및 투하

〈밤비바켓 비행기술〉

담수지 접근은 눈에 보이지 않는 장애물을 계획하여 주의 깊게 관찰하여야 한다. 와이어는 자주 물속을 지나고 기둥이나 타워가 눈으로 보기에 어렵다. 산악지역의 강에서 지표가까이나 댐의 상부로 횡단 케이블이 종종 발견된다.

① 호수와 느리게 움직이는 물

물을 채우는 기본 기술은 높은 경사로 물에 접근하는 것이다. 일정하게 전방으로 움직이면서 물가에서 담근다. 물가의 양호한 참조물을 이용하여 과도한 편류를 방지한다. 물표면에 바켓의 그림자가 보이고 그림자는 바켓이 물표면 가까이 오면서 서로를 향해 이동한다.

이 참조는 조종사가 바켓의 높이를 결정하는데 도움이 된다. 매우 적은 전방이동은 바켓이 물표면에 닿을 때 바켓이 지나치지 않고 끝에 닿는 도움을 준다. 바켓이 가라앉을 때 편류를 방지하기 위해 물가의 고정된 물체를 참고 한다. 물표면 관측은 매우 쉬우며 잔물결을 참고하고, 잔물결과 파도는 편류의 원인이 된다. 물가 근처에서 작업은 만약 파워손실이 발생하면 짧은 수영으로 도움이 된다. 매우 적은 속도로 계속 앞으로 가면 바켓은 빨리 채워지고 최소의 실행으로 조종사는 담그며 정지하지 않고

가야한다. 카고훅의 급격한 움직임으로 높은 전방속도를 유지하지 않아야 한다. 초임자는 전방이동이 없이 깊게 담그고 물 밖으로 바켓을 올리기 전까지 정지하는 것을 권고한다.

빈 바켓으로 비행시 덤프게이트가 열린 상태로 비행하여 과도한 진동과 항력을 줄인다. 빈 바켓으로 저속 비행시 바켓은 때때로 감겨 올려진다. 들어 올릴 때 바켓의 무게로 케이블이 정돈되어 아래로 내려간다.

바켓이 아래로 빨리 내려가면 카고훅의 부하에 심각한 꼬임이 생긴다.

바켓을 들어올릴 때 미러로 확인하거나 직접보거나 승무원의 도움으로 조심스럽게 한다. 케이블이 상처가 있으면 물 밖으로 완전히 옮기지 않는다. 들어 올릴시 부분적으로 풀리는 효과율이 조절되지 않을 것이다.

담수는 진화작업을 하기 전에 철저하게 연습해야 한다.

② 많은 물

매우 많은 물은 물을 담으면서 제자리비행을 유지하는데 좀 어려움이 있다. 파도와 물결의 움직임으로 인한 착각이 있으므로 조종사는 움직이는 표면에서 참조점으로 정지된 수평 위치를 유지하는 것이 매우 중요하다. 편류를 방지하기 위하여 물가의 고정된 지점이나 물속의 바위나 말뚝을 참조하는 것이 무엇보다 중요하다.

물가의 오락 내리락 하는 파도에서 오르는 파도가 들어 올리는 시간이다. 바다에서 운용 후 부식을 방지하기 위해 물로 세척하여 깨끗이 한다.

산림지형에 작은 연못이나 깊게 들어간 곳을 이용할 때는 상승하기 위해 필요한 파워를 예상한다. 상승시 나무 그루터기나 물속에 잠긴 물체에 바켓이 걸리는 것에 주의한다.

③ 빠르게 이동하는 물

빠르게 이동하는 물은 산골의 하천에서 볼 수 있다. 바켓은 빠른 조류의 끌어당기는 급류로 인해 헬기의 오바파워가 될 수 있다. 그럴 경우 물을 투하하거나 바켓을 분리하는 것을 경고해야 한다.

파도는 헬기를 아래로 끌어당기려고 한다. 파도에 대항하여 헬기를 위로 올리는 것이 최고의 안전이다. 이것은 항공기를 '노스로우' 자세로 만들어 아래로 끌어당기어 테일로타가 물위를 치는 과도한 '테일로우' 자세보다 안전하다.

산악지역의 아침에는 계곡 아래로 내리치는 바람이 있다. 계곡으로 바람이 진행하는 날에 조종사는 조류나 바람을 더 많이 극복해야 한다. 이것을 판단하고 각 상황에 따른 자신의 결정이 요구된다. 이런 문제에 직면하면 아주 좋은 바람과 조류의 속도가 적은 강줄기를 찾아야 한다.

④ 휴대용 간이저수조

휴대용 간이 저수조는 자연담수지의 부족으로 설정한다. 간이 저수조에 손상 없이 제자리 비행으로 담그고 들어 올리는 것이 필요하다.

지상의 인원은 헬기를 조종 하는 도움을 준다. 제자리 비행으로 물이 가득한 바켓이 저수조와 충돌하지 않도록 조심해야 한다. 또한 로타 하강풍에 의한 빈 간이저수조의 이동을 주의해야 한다.

[그림 4-31] 간이저수조에서 급수하는 B-412 헬기

〈물투하 절차〉

① 속도/고도관리

투하밀도 조절은 다양한 고도와 속도에서 이루어진다. 조종사는 최초 비행속도 60kts로 시작하는 것이 권고된다. (비행매뉴얼의 단발엔진 상승속도 또는 오토레이션 속도) 바켓고도는 대략 50피트의 투하지역 위 고도로 비행한다. 조종사는 다양한 상황에서 시작지점에서 출발하는 비행기술을 숙달해야 한다. 가벼운 연료(잔디)는 길게 투하하기 위해 90kts 이상으로 비행한다. 만약 길이가 필요하지 않으면 작은 장소에서 더 넓게 하는 것이 요구되므로 높은 고도로 천천히 이동한다.

더 높은 고도는 물/폼이 공기를 더 많이 받고 넓은 지역에 퍼지게 된다. 무거운 연료는 관목더미에 천천히 비행하거나 저고도로 물을 많이 투하하여 지역에 더 많은 물이 집중되도록 한다. 높은 고도에서 저속의 투하는 과도한 로타 하강풍의 영향 없이 진화하는데 도움을 준다. 그러나 이것은 항공기의 고도-속도 차트의 주요한 부분에 명시가 된다. 경험에서 저속은 증가하는 위험 때문에 기대한 만큼 많은 이익이 없다는 것을 보여 준다.

② 물바켓 장착 기본비행

물바켓 비행은 매우 똑바로 앞으로 나간다. 좋은 기본 기술을 사용하면 볼이 중앙에 있어야 하고 선회시 슬립과 스키드를 피해야 한다. 페달의 서툴거나 주의하지 않는 사용은 확실하게 바켓이 옆으로 흔들린다.

물을 가득채운 바켓은 매우 안정되고 조종사에게 문제가 없다. 빈 바켓은 속도에 따라 흔들린다. 중요한 점은 다른 외부 화물과 같이 속도를 일정하게 하여야 한다. 바켓이 앞뒤로 흔들리는 것은 진동을 유도하는 조종사의 조작이다. 이것을 정지 하기 위하여 속도를 약간 증가시켜 유지해야 한다. 사이클릭 스틱의 앞뒤 움직임을 주의하고 그것을 야기하는 것을 인식하지 않을 수 있다.

③ 풍향편류

정밀한 물투하는 바람수정을 해야 한다. 높은 고도에서 편류가 더 많다. 높은 풍속에서는 저고도투하가 필요하다. 물투하후 가능하면 편류의 상태를 눈으로 확인한다. 이것은 다음 투하시 정확한 투하를 하기위한 정보를 주는 것이다. 화선의 타지 않은 지역으로 향한 실수는 탄지역의 안에 물 투하하는 것보다 더욱 효과적이다.

④ 접근/이탈

투하지역에 접근할 때 접근 및 이탈항로는 중요하다. 투하지역에서 최선의 안전한 방법은 안전하게 이탈하는 것이고 바켓의 불량과 물투하 스위치의 고장의 가능성을 염두 해야 한다. 조종사는 엔진고장의 상황을 지속적으로 주의해야 한다.

〈비행안전〉

많은 위험상황에서의 물투하는 저고도의 위험, 깊은 조류, 저시정, 대형 산불에서의 항공기 혼잡, 등을 지속적으로 고려해야 한다. 경계의 눈은 새로운 항공기에도 주의해야 한다. 공중산불진화는 터브란스, 연기로 인해 시정이 좋지 않은 깊은 계곡에서 자주 한다. 산불은 공중충돌과 전선충돌 등의 잠재적 위험이 있는 매우 작은 지역에서 많은 항공기가 운용이 된다. 당신은 안전을 계속 생각하고 자신의 한계를 알아야 한다.

① 장애물

지상에 근접하여 작업시 전선충돌의 위험성이 잠재되어 있다. 물에 담수 및 투하하기 전에 전선을 전체적으로 관측하는 것이 필수적이다. 정찰하는 동안 타워, 대각선으로 전선을 자르는 장치를 살피고 파워를 유지해야 한다. 전선, 타워, 기타위험요소를 발견하면 다른 승무원에게 즉시 알려야 한다. 전선절단기를 장착하는 것을 권고 한다. 공중전술반과 헬기기지 관리자는 위험을 알아야 하며 모든 사람이 보도록 표시를 해야 한다.

② 공중충돌

산불진화작업을 다른 항공기와 빈번하게 하므로 가끔 새로운 항공기가 나타나는 것을 주의 깊게 유지하는 것이 필요하다.

③ 시정

시정의 감소는 전선과 공중충돌을 피하기 위한 지형에서의 위험이 증가 한다. 산불현장에 진입하기 전에 연기의 맞은편에서 확인을 해야 한다.

만약 볼 수가 없으면 진입을 하지 않아야 한다. 만약 계기비행을 하려면 고도를 상승해야 한다. 다른 항공기와 공중전술반은 당신이 하는 것을 알아야 한다.

④ 비행항로 비상절차

물투하 하기 위한 항로는 인원과 장비를 피하여 계획한다. 파워상실, 바켓의 고장, 바람의 변화, 알려지지 않은 상황은 심각하게 안전을 위태롭게 한다. 물투하는 항상 준비하고 필요시 바켓도 분리한다. 물투하 지역에 카고훅을 해제하고 충분한 속도를 유지하여 오토레이션을 한다.

⑤ 기동

모든 기동계획은 물이 투하되지 않은 상태에서 수행이 된다. 화물로 동력고착 상황을 주의한다. 부하를 증가하는 급작스런 기동을 피해야 한다.

⑥ 안전장비

비행승무원은 헬멧, 조종복, 조종수갑, 부유장비 등 개인적인 보호장비를 갖추고 사용해야 한다.

⑦ 인가되지 않은 착륙장

산불현장에서는 통상 인가되지 않은 장소에 착륙하므로 지상의 장애물, 경사된 지면, 날리는 것들을 잘 정찰한다. 탄 지역의 착륙은 눈내린 지역에 착륙하는 것과 유사하여 '화이트 아웃'(white out)상태이다. 타버린 지역에 남은 재는 눈을 치우는 방법으로 작업한다.

착륙지역의 물투하는 이 문제를 제거하는 것이다. 이 기술은 착륙지역에 저고도로 천천히 지나면서 얼마나 재가 날리는지 살펴는 것이다.

〈시 스노클(Sea Snorkle)운용〉

갈수기에 해안지역에서 운용시에는 시 스노클(Sea Snorkle)을 이용하여 바닷물을 담수하여 살수 하는 경우가 있다. 기존의 펀드 스노클(Pond Snorkle)은 민물 담수지에서 제자리 비행을 하면수 물을 급수하면 제자리 비행 효과로 인하여 물보라가 형성되어 민물은 기체에 영향을 주지 않으나 바닷물은 손상을 준다.

[표 4-12] 스노클 제원 비교

구분	단위	시 스노클	펀드 스노클
길이	m	7.5	5
무게	kg	235	180
담수시간	sec	30~40	40~50
담수속도	kts	25~40	0
최대비행속도	kts	104	115

따라서 시 스노클은 바닷물이 기체에 묻는 것을 최소화하고 기체의 운항 안전성을 위해 시스노클을 바다에 입수하여 수면상공 시속 25~40kts로 30~40초 비행하면서 에어탱크 고정익과 같이 바닷물을 담수하는 시스템이다. 바닷물은 민물과 같이 진화효과가 있으며 산불진화 후 사용한 항공기는 기체와 탱크 내부를 반드시 세척하여야 한다.

우리나라에서는 2009년 5월 미국 에릭슨 회사에서 구매하여 S-64E헬기에 장착하여 시험비행 및 시연(2009.10.22.)을 거쳐 조종사 훈련을 하여 갈수기에 대비하고 있다.

[그림 4-32] 시 스노클로 바닷물을 담수하는 S-64E 헬기

4.4.3 진화제(Suppressant) 및 지연제(Retardant) 사용

진화제는 A급 폼제(Class A Foam)와 항화염젤(Fire-Broking Gels)을 사용하며 A급 폼제는 물의 표면장력을 깨트리고 지상연료에 잘 침투할 수 있는 계면활성제로 작은 공기방울을 생성하는 액상 응축물이다. 지상연료에 접착하여 산소를 차단하고 연소기체의 생성을 막으며 가연물의 표면을 냉각하여 물보다 3~5배 정도 효과적이다. 항화염젤은 공기방울 대신에 물방울을 포함한다. 이 물방울들은 A급 폼제보다 더 높은 온도에서 견디는 생성물을 만들어 지상연료들은 24시간 까지 불에 견딘다.

지연제(Retardant)의 사용은 새로운 기술과 개념으로 발전되었다. 지연제는 화학적 또는 물리적 작용을 하여 연소를 저해하여 산불의 확산을 완만하게 하거나 저지시키며 산불에 직접 투하하는 것보다 화두 앞에 투하하는 것이 가장 효과적이다. 또한 방화선을 구축하거나 임시 또는 예비의 산불통제라인을 만들 때 화두의 전방에 투하한다. 이는 물, 화학물질, 염료물질을 혼합하여 제조한다. 염료는 붉은색이므로 다음 에어탱크 조종사가 앞선 투하의 끝난 지점을 알 수 있으므로 겹침을 최소한으로 연이여 투하를 할 수 있다. 물의 가장 효율적인 사용은 폼 농축을 추가하여 얻어진다. SEI 산업(1978년 설립한 밤비바켓 제조회사)은 다양한 항공기의 수요을 충족하기 위해 여러 가지 시스템을 제조한다.

폼(Foam)은 0.5~1.0%의 수준으로 바켓에 추가한다. 특별한 환경은 이 수준을 벗어나기도 한다. 그러나 이 농축은 산불상황에서 매우 비용 효과적이다. 만약 내부시스템이 사용된다면 항공기와 연결된 바켓은 와이어로 폼탱크에 장착된 방법으로 인가된 장치이다. 외부장치는 펌프파워를 위해 전기적 접촉이 요구된다. 폼 장치는 농축된 저장소로 사용된다. 전기펌프는 농축액을 바켓으로 이동한다. 펌프작동 시간 조절로 농축액 수준을 맞추어 튜브나 호스를 통하여 바켓으로 운반한다. A급 폼은 타이어화재, 쓰레기 매립지 화재, 산불진화에도 사용된다.

진화제(Suppressant)는 불에 직접 뿌리는 화학물질로서 보통 화두에 뿌린다. 이는 산불을 냉각하거나 공기공급을 차단하며 물분자를 작게 만들어 산불을 작게하고 마르면 효과가 없다.

지연제는 단기지연제(Short-term Retardant)와 장기지연제(Long-termRetardant)가 있는데 단기지연제는 30분에서 몇 시간 동안 유효하다. 수분이 증발하면 효과가 없어진다. 그러나 장기지연제는 수분이 증발해도 불을 억제할 수 있는 화학성분을 함유하여 많은 시간효과가 있다. 화염의 길이가 4피트 이하이면 단기지연제를 사용하고 4피트 이상이면 장기지연제를 사용한다. 그러나 8피트 이상의 강한 화염은 비효과적이므로 다른 목표점을 찾아야 한다. 수자원이 부족 하거나 산불기간 온도가 매우 높아 대형산불 일 경우 물이나 단기 리타던트의 효과가 적고 지상인력에 의한 후속작업이 이루어지지 않을 때 장기 지연제를 요청한다.

캘리포니아에서 사용하기 위하여 인가된 지연제는 점성이 두터운 형태이어서 연료에 코팅이 잘되어(shadowing) 지연효과가 좋다. 이는 두 가지가 있으며 젖은 방화제(wet agent)는 물과 같고, 화학 방화제(chemical agent)는 열을 연소되지 않은 탄소로 변화시키는 것이다.

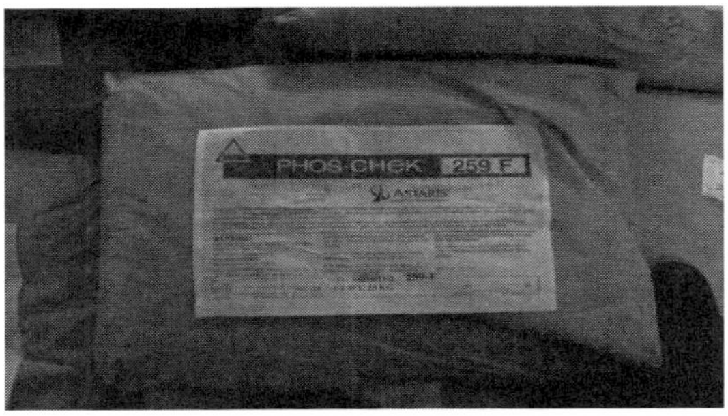

[그림 4-33] 분말 리타던트

리타던트 혼합시설은 고정식과 이동식이 있으며 고정식은 주로 항공기지에 설치하여 운용하고 이동식은 항공기에 탑재하여 사용한다.

- C-130 (MAFFS)는 리타던트 혼합시설을 항공기에 탑재(이동식)
- B-747, DC-10 대형항공기는 지상에서 리타던트 혼합/탑재(고정식)
- CH-47 대형헬기도 지상에서 리타던트를 혼합하여 탑재(고정식)

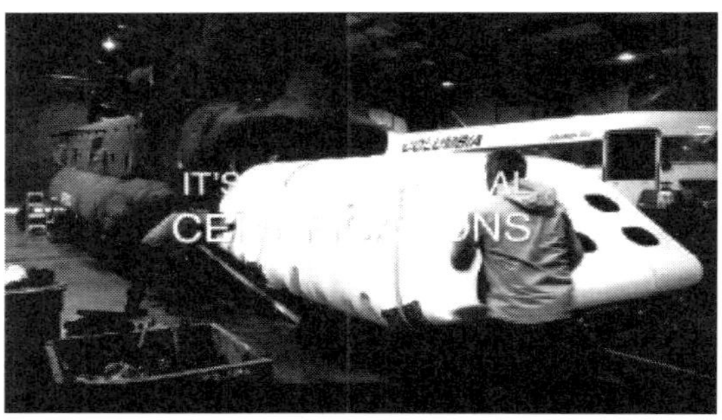

[그림 4-34] CH-47에 탑재하는 리타던트 혼합시설

지연제는 사람에게 독성이 없어야 하며 친환경적이나 수로에 투하되면 물고기가 죽는 것이 증명되었다. 따라서 호수, 강 ,연못, 수로지역의 300피트 이내에는 투하를 금지하며 지

연제 투하는 환경적으로 민감한 지역에서 주의 깊게 사용하며 수로근처에 투하시 지휘자에게 보고하여야 한다.

또한 투하금지 지역은 인구밀집지역, 주택, 학교, 농장, 도로, 차량 위 등이며 방화제가 많이 탑재되어 착륙이 곤란한 경우 비상시를 제외하고 지정된 장소에 투하하여야 하므로 항공관리자는 지정된 장소의 목록을 유지한다. 적절한 지연제 사용은 적절한 고도와 속도로서 효과적으로 투하되어야(rain down) 하고 안전하고 효과적인 고도는 최소 150피트이다.

다음과 같은 4가지 요소가 결합하여 지연제 장벽의 효과를 증진한다.

- 지연제의 질
- 연료형태
- 항공기 속도와 고도
- 풍향과 풍속

2022년 울진 대형산불 등에서 지연제 81,000리터를 사용하였다.

[표 4-13] 지연제 투하 사용시기

사용시기	사용효과
· 저지(Hold) · 지연(Dlay) · 유도(Guide) · 냉각(Cool) · 비산화 통제(Control Spots)	· 지상인력이 조치 할 시간을 준다. · 산불의 진행을 완화하여 인공 / 천연 방화선에 유도 · 산불의 진행방향을 유도 · 산불의 강도를 약화하여 지상인력을 통제선에 배치 · 비산화가 발생하지 않도록 화선을 벗어나지 않도록 한다. · 자연장벽, 도로, 설치된 방화선을 강화, 인명 및 시설보호

[그림 4-35] 지연제를 투하하는 Ka-32T 헬기

4.4.4 담수지 운용

우리나라의 강원도 동해안 지역은 지리적 특성으로 인하여 강풍과 건조한 기상 여건이 자주 발생한다. 봄철에는 '푄(Fohn)현상으로 인하여 매우 건조하며 대형산불이 위험이 잠재한다. 동시에 건조한 기상은 하천, 저수지 등 담수지의 고갈을 가져와 산불진화시 물 부족 현상이 발생한다. 산불진화시 기본적인 3요소는 사람, 장비, 소화용수이며 특히, 헬기장비에 의한 공중진화는 소화용수 부족시 산불통제의 어려움을 가져오므로 담수지 확보는 산불진화의 매우 중요한 관건이다.

헬기는 저수지나 강에서 급수를 하는데 급수지가 부족하거나 가뭄으로 인하여 물이 없는 갈수기 또는 결빙으로 인하여 급수를 할수 없는 상황은 공중진화의 효과성을 증대할 수 없다. 헬기에 의한 산불진화는 헬기에 물을 탑재하여 산불지역에 이동하여 물을 살포함으로서 진화의 효과성을 달성 하는 것이다. 소화용수 즉, 담수지의 요소는 충분성과 완전성이다. 충분한 급수는 산불진화 기간 동안 요구되는 충분한 양의 물 공급원을 말하며 완전성은 급수하기에 방해가 되는 요인이 없는 환경이 보장되는 것을 말한다. 따라서 산불발생이 예상되는 지역에서는 담수지를 확보하기 위하여 임시 하천보를 설치하여야 한다. 이를 위한 선정 시기는 담수지가 결빙되어 헬기 급수가 불가능한 동절기와 극심한 가뭄으로 하천 및 저수지에 물이 말라가는 갈수기이다.

담수지는 접근성과 사후관리가 용이한 지역이어야 한다. 담수지의 규모는 초대형 헬기(S-64E) 및 대형헬기(Ka-32T)의 급수가 가능하도록 최소한(가로・세로・깊이 : 5m×5m×1m)이어야 하며 산불발생 지점에서 왕복 10분이내의 거리에 있어야 한다. 담수지 설치대상지에서 50m 이내는 철탑, 전신주, 나무, 건물 등 5m 이상의 장애물이 없어야 한다. 그리고 헬기 로타에 의한 하향풍으로 피해가 우려되는 축사 및 비닐하우스 등이 있는 지역과 염분이 함유되어 있는 동해안 지역의 석호는 가능한 피해야 한다.

산림청의 동해안 산불센터 개소식('09.03.13)시 최초로 동해안 6개 시・군 지자체에게 담수지 확보요청을 하였고 산림청 동부지방청에서 임시 하천보를 설치한바가 있다. 동시에 급수지 와 원거리 지역에서 산불발생시 헬기 2~3대가 동시 출동으로 조기진화를 하도록 하였다. 이후 산림청은 2010년 2월 동절기・갈수기 대비 헬기 취수장 관리 매뉴얼을 만들었다.

[그림 4-36] 결빙호수 얼음제거 작업

[그림 4-37] 얼음을 잘라낸 호수에서 담수하는 Ka-32T 헬기

미국 및 유럽에서는 담수지가 부족한 지역에서 산불진화 시 간이저수조를 활용하여 진화의 효율성을 증대하고 있다. 우리나라는 최초로 1984년 북한산, 남한산성, 부천시 원미산, 성미산에 상설하였으나 침전물이 퇴적하여 폐기한 경험이 있다. 전국에 간이저수조를 설치하는 것을 불가능하다.

필요시 산불 인근지역에 설치하는 절차나 방법에 대해서도 공감대 형성이 미흡하여 매뉴얼화 되지 않고 있었다. 그러다가 2022년 울진산불에서부터 적극적으로 사용하여 진화에 효과를 보았다.

설치 및 사용방법 등의 매뉴얼 개발이 필요하다. [그림 4-38]은 미국의 S-64E 헬기가 간이저수조를 활용하여 급수하는 모습이다.

[그림 4-38] 간이저수조에서 담수하는 S-64E 헬기

갈수기에 해안지역에서 운용시에는 시 스노클을 이용하여 바닷물을 담수하여 투하하는 경우가 있다. 세계의 몇 개국(미국, 호주, 그리이스, 이탈리아, 프랑스, 일본 등)에서 몇 해 동안 바닷물 살포 후에 산림에 미치는 영향은 발견되지 않았다. 우리나라는 산림청 항공본

부(이하 산림항공)에서 공식적으로 사용한 예는 없으며 기존의 펀드 스노클로 해수와 민물이 만나는 하천 및 동해안 석호(경포호, 송지로, 화진포 등)에서 담수한 사례는 있으나 담수중 하바링시 기체에 미치는 영향을 고려하여 금지하고 있다.

일부 민간항공에서는 밤비바켓을 사용하여 제한적으로 사용하기도 한다. 밤비바켓은 길이 25m 이상의 긴 줄에 매달려 있으므로 기체에 미치는 영향은 없다.

산림항공은 2009년 2월 16일 강릉시 옥계면 금진항 뒷산 능선에 밤비바켓을 장착한 Ka-32T 헬기로 바닷물을 5회 투하한 후 동년 6월 7일 바닷물 영향평가 결과 수회의 투하는 거의 영향이 없는 것으로 판단하였다. [그림 4-40]은 강릉 금진항 바닷가에서 밤비바켓으로 바닷물을 담수하는 Ka-32T 헬기 모습이다.

[그림 4-39] 울진 대형산불시 담수하는 Ka-32T 헬기

[그림 4-40] 바닷물을 담수하는 Ka-32T 헬기

담수지 확보를 위한 지자체와의 적극적인 협조가 필요한 것으로 사료된다. 겨울철 결빙된 담수지역은 매뉴얼의 절차에 따라서 얼음을 제거하여 헬기의 급수가 용이하게 하는 것이 필요하다. 아울러 부득이한 경우 바닷물을 사용시 많은량의 바닷물이 살포된 지역은 지속적인 모니터링으로 산림생태계의 피해를 최소화 하여야 한다. 특히, 갈수기 바닷물을 사

용하는 S-64E 헬기의 시스노클에 의한 급수는 파고가 2m 이하시 제한적으로 운용해야 한다. 시스노클은 바다뿐만 아니라 내륙의 넓은 하천, 강, 넓은 저수지 등에서도 가능함으로 수중 장애물이 없는 조건하에서 조종사의 지속적인 훈련이 필요하다. 이에 따라서 급수가 가능한 민물 담수지를 확보 및 관리하는 방안이 필요하다. 또한 Ka-32T 헬기도 갈수기에 밤비바켓을 운용하여 바닷물을 사용할 수 있으므로 이에 대비하여 조종사는 밤비바켓 운용 능력을 향상 시켜야 할 것으로 사료된다.

4.4.5 공지합동진화전술

산불진화시 헬기는 공중지원장비이며 최종 산불종결자는 지상진화대이다. 이는 군사 작전에서 각종 전투지원 장비는 보병을 지원하고 마지막 고지에 깃발을 꼽는 것은 보병이 하듯이 산불 진화도 헬기진화 만으로는 완전진화를 하지 못하므로 지상진화대가 마무리를 해야 한다. 고비용이 들어가는 헬기운용은 효율적, 전략적으로 운영해야 한다. 따라서 지상 인력자원과 헬기와의 적절한 조화로서 산불을 진화해야 하는 것이다.

[표 4-14] 공지합동진화의 효과성 연구

Torre Fontaubella's Fire(2007). An example of efficiency	
- Low intensity. Flame length < 1m Efficiency without personal : > 75% Efficiency with personal on the fire : > 85%	△10%
- Medium intensity. Flame length 1 to 3m Efficiency without personal : 59~75% Efficiency with personal on the fire : 72~85%	△22%
- High intensity. Flame length > 3m Efficiency without personal : 29~35% Efficiency with personal on the fire : 57~79%	△35%

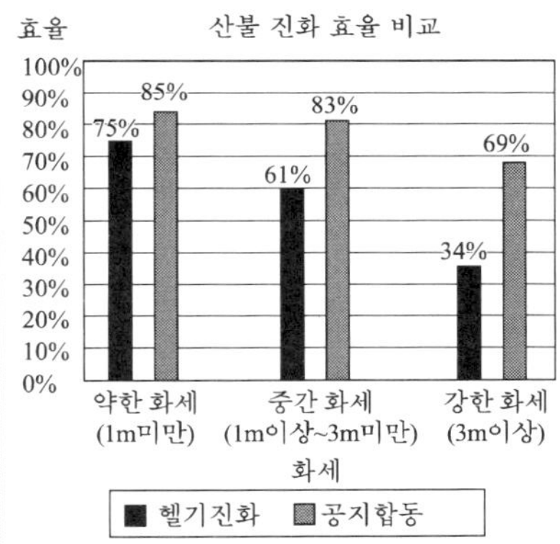

(출처: 스페인 Torre Fontaubella 산불연구,2007)

[표 4-14]는 헬기와 지상진화대 합동진화시 진화효율성을 비교한 내용으로서 화염이 1m 이하에는 +10% 효과, 화염이 1m~3m에는 +22% 효과, 화염이 3m 이상에는 +35%의 효과가 있다는 연구결과이다. 화염이 강할 때 오히려 지상진화대 효과가 크며 지상진화대가 산불의 최종 종결자이다. 2008.10.19.~24일까지 그리스 아테네에서 개최된 '국제산불항공진화 컨퍼런스'에서 대형산불 발생시 국가간 공동대응, 지상과 공중 간 공조방안에 대해서

회의를 하였는데 호주는 지상진화대가 주 진화하고 항공기는 보조로 지원한다고 했고 스페인은 산불이 대형화 될수록 공지합동진화가 매우 중요하다고 하였다. 공중과 지상의 공조를 통한 진화 효율성 극대화 시스템을 구축해야 한다.

〈공지합동진화전술 모델〉

가. 측면진화(Flanking)

- 고정점에서 진화시작
- 연기회피를 위해 풍상 또는 풍측에서 진화

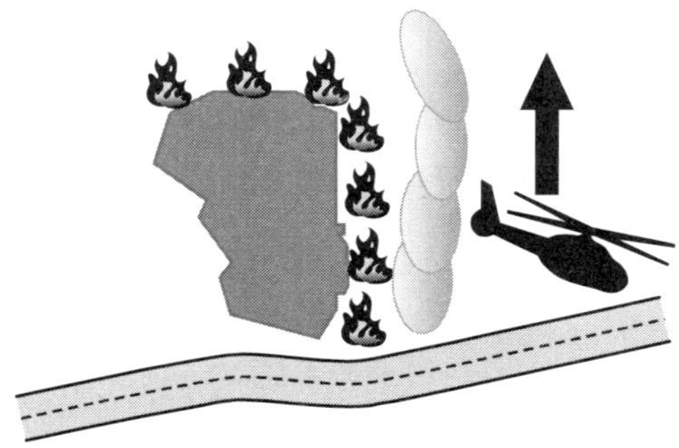

나. 전방직렬진화(Tandem Ahead)

- 고정점 시작은 지상진화대가 실시
- 지상진화대 지원

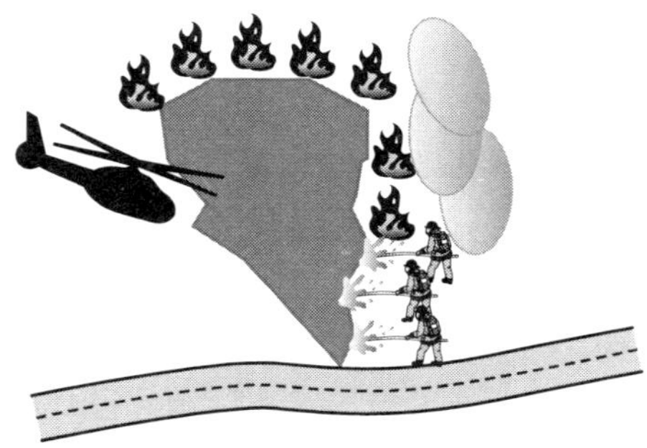

다. 후방직렬진화(Tandem Behind)

- 위급한 지상진화대 지원
- 가치있는 자원보호, 방화선구축

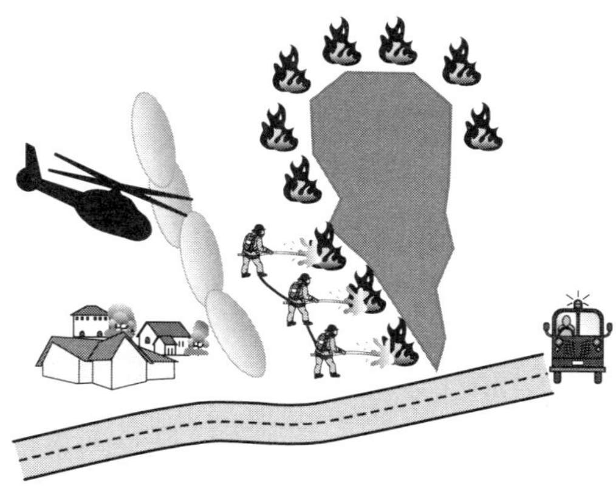

라. 갈고리형 진화(Hook)

- 강한 화두부분 진화
- 지상진화대는 측면 진화

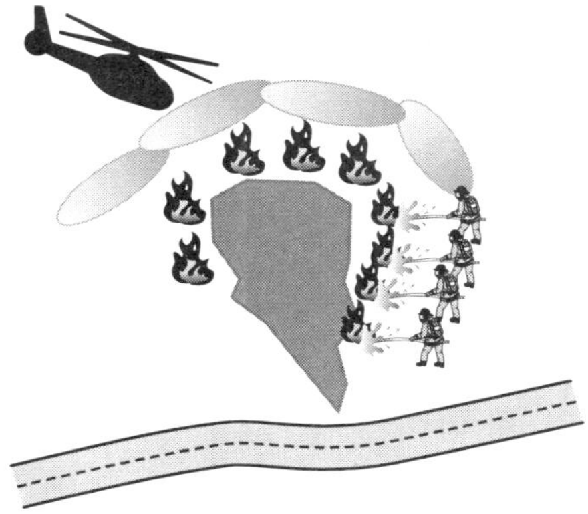

마. 좁은 "v"자형 진화(Narrow "v")

- 좁은 V자형 화두 신속진화
- 지상진화대 측면 신속진화

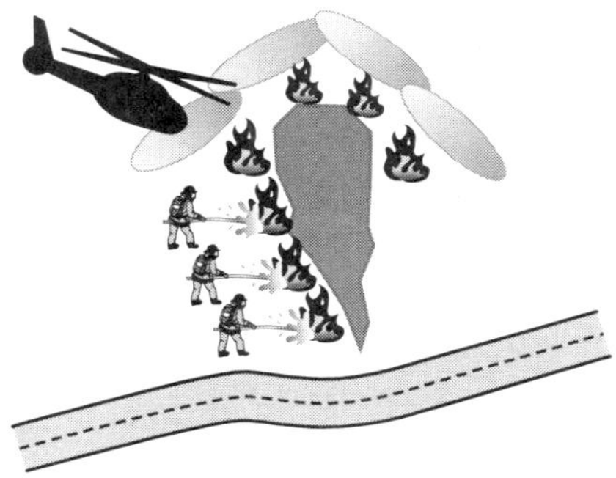

바. 넓은 "v"자형 진화(Wide "v")

- 단계적으로 점차적인 진화
- 장시간 소요예상, 추가적인 투입

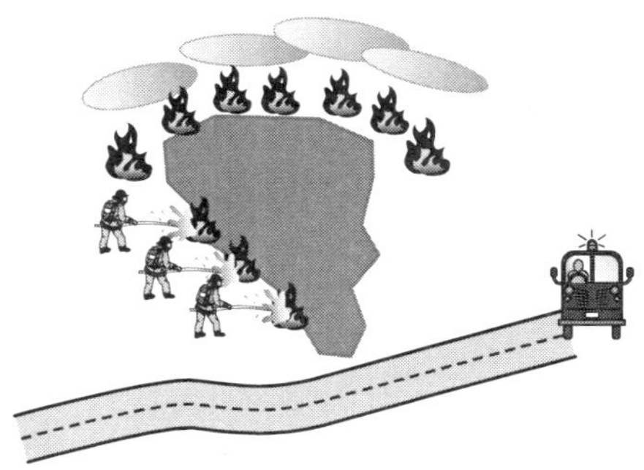

사. 확산각 내측 진화(Angle Tie-In)

- 고정점에 방어벽(도로)을 이용
- 확산되는 전방에 물투하

아. 확산각 외측 진화(Angle Out)

- 능선을 이용하여 방화선 설치
- 화두전방 및 좌·우측면

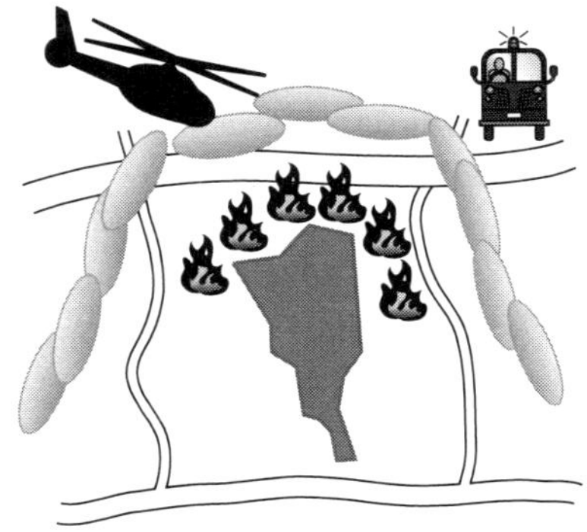

자. 전방 작업 (Pre－Treat)

- 바람 불어가는 쪽에 방화선 설치
- 천연장벽 이용
- 잠재된 비산화 확산 방지

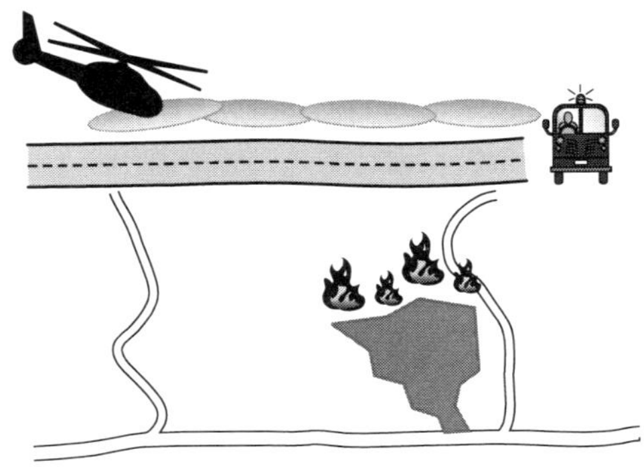

항공진화 조종사가 익혀야 할 사항

- 어떻게 불의 확산상태를 예상판단 할 것인가.
- 화선의 불을 진화하는 기술을 향상한다.
- 진화시 방화선을 어떻게 사용 할 것인가.
- 항공기의 전술적 운영을 어떻게 할 것인가.
- 물과 소화액의 적절한 사용방법을 이해한다.
- 가장 중요한 것은 "안전하게 산불진화" 하는 방법을 배우는 것이다.
- 기억하라! 저기 숲속에 인간의 생명만큼 가치 있는 나뭇가지나 집은 없다는 것을.

CHAPTER

5

야간항공진화

CHAPTER

5 야간항공진화

5.1 미국의 야간항공진화 발전과정

5.1.1 개요

미국 산림청은 1970년 중반 야간 헬기산불진화 프로그램을 준비하였다. 야간진화는 시각적인 제한으로 리스크가 주간보다 상당히 크므로 안전을 기준으로 제한적인 환경조건, 자격향상 훈련, 야간시각장비(NVG:Night Vision Goggle) 규정을 제정하였다. 야간헬기진화는 해마다 심한 산불의 위험이 있는 남 캘리포니아에서 초점이 된다.

1974.6.16에 L.A 국유림 산불에 B-204B 헬기가 최초로 야간 물투하를 하였고 1976년에 L.A카운티에서 최초로 NVG(2세대)를 장착한 B-212 헬기를 로스파드레스 국유림내의 로스벨리 헬리베이스에 배치하였다.

1977년에 L.A 국유림내의 탄바크 헬리포트에 배치된 B-212 헬기가 야간진화를 위해 재급수하여 육지로 이동하다가 산림청 NVG(2세대)장착 헬기와 충돌사고가 발생하여 조종사 1명이 사망하고 1명이 중상을 입었다. 사고 후 L.A카운티는 야간프로그램을 중지하고 산림청은 1978년까지 NVG 헬기 2대를 유지하였으며 그 후 1983년에 야간 헬기진화를 포기하고 야간진화 위험요소 130 항목을 발굴하였다.

NVG를 가장 오래한 L.A카운티는 조종사의 NVG훈련은 계속 하였고 1995년 B-412, S-76에 NVG를 장착하였고 2001년에는 ANVIS 9(3세대)을 장착하여 훈련을 하였다.

그 사례로 2003.10.3일 발생하여 15명이 사망하고 113천ha의 산림피해와 2,820동의 건물이 소실 된 캘리포니아의 세다 산불(Cedar Fire)을 계기로 야간헬기진화 논쟁을 촉발하였다. 특히, 일몰 전 30분 까지, 일출 후 30분 까지 야간진화를 제한하는 규정이 이슈이었지만 산림청은 사고방지를 위해서 2005년에 NVG프로그램을 수행하지 않았다.

그러나 L.A카운티는 조종사의 NVG훈련에 숙달하면서 성능을 향상한 NVG(ANVIS 9)헬기 2대를 푸트힐(Foothills)의 팜데일(Palmdale)인근 산불의 야간진화에 제한적으로 운용하였다.L.A카운티의 적극적인 야간 헬기진화로 2008년 샌디에고 카운티도 야간헬기능력

향상을 위한 정책의 변화를 캘리포니아주와 산림청에 보고하였다.

2008년 7월 'Wildfire Today'는 야간진화에 대하여 항공종사자 231명의 설문조사를 실시한 결과 찬성 92명(39.8%), 반대 121명(51.9%), 모름 19명(8.2%)으로 반대가 많았다. 산림청은 1983년 이후 야간진화를 중지하였으나 2009.4.19일 쌍발엔진헬기 야간진화 규정(FSM5700, 5762.2)을 추가하고 이는 NVG를 운용하는 것이다.

2009.8월 캘리포니아 스테이션 산불(Station Fire)에서 소방대원 2명 사망, 산림 65,100ha 피해, 89가구 소실, 209 시설 등의 손실로 인하여 야간산불에 헬기를 운용하지 않아 피해가 커졌다는 상원위원 Doanne Feinstein 등 정치가의 비판으로 야간진화 논쟁을 재 촉발하여 야간진화헬기 프로그램을 복원하는 계기가 되었다.

산림청은 2010년 단발터브엔진 헬기를 야간진화 규정에 추가하여 야간진화운용 헬기 범위를 확대하였다. 특히 ATGS의 감독으로 안전조건이 확립시에는 최종적으로 조종사가 판단하여 일출 30분 전에 이륙하고, 일몰 30분까지 야간진화를 하도록 수정하였다(2010.6.23. CAL 산불규정 8362.7.2.).

2011년 오렌지 카운티는 ANVIS 9을 장착한 B-412 2대, UH-1H 2대를 운용하고 샌디에고 카운티도 ANVIS 9을 장착한 B-412HP 1대, B-412 2대를 운용하기 시작하였다. 산림청은 남캘리포니아의 샌디에고 시티, 오렌지 카운티, L.A시티, L.A카운티, 산타바바라 카운티, 케른 카운티에서 NVG헬기 17대가 운항을 준비하거나 할 준비를 하고 있는 것을 감안하여 2013년부터 NVG(ANVIS 9) 헬기를 운용하기로 결정하였다.

[그림 5-1] 미국 메사산불 야간진화중인 헬기(2014.11.8)

(출처:Night flying helicopter 531 dropping on the Mesa Fire in Cajon Pass. Photo by San Bernardino County Fire Departmen, November 8, 2014)

헬기는 Bell205 2대가 야간진화에 운용되었으며 운항지역은 로스엔젤리스, 크리브랜드, 산베르나르디노 국유림, 연접지내의 보호지역, 로스파드레스 국유림의 남부지역 이었다. 그러나 아직은 매우 제한적이며 시험적인 프로그램으로 조심스럽게 수행하고 있다.

5.1.2 야간항공진화의 세계적 동향

세계의 산불항공진화의 동향은 항공진화 Conference를 통하여 제시되고 있는데, 이를 요약하면 에어탱크의 획득비용이 고가이므로 산불진화운영을 발전시켜서 공중진화 기술과 기법을 향상시키고 경년 항공기의 안전성 확보 및 운영과 헬기와의 조합으로 산불을 진화하며 초기 공중진화, 공중지휘 및 통제를 강화하고 항공기의 안전성, 효율성, 효과성을 확보하는 것으로 방향을 제시하고 있다.

세계북미, 유럽, 태평양 지역의 국가는 국제 파트너쉽으로 다국적 협력을 강화하는 것에 공감을 하였고 에어탱크인 CL-415, US-2, Be-200과 S-64E, Ka-32T 헬기와 고정익과 헬기의 복합기능을 가진 MV-22 Tilt Rotpr Osprey 항공기도 공중진화에 효과가 있는 것으로 평가하고 있다. 특히, 도시의 고층빌딩 진화를 위한 S-64E 헬기의 유용성과 도시인접 지역에서의 야간진화의 활용을 강조한다.

야간진화를 위하여 NVG Radar를 이용한 성능향상 및 무인항공기(UAV: Unmanned Air Vehicles)의 운용을 제시하였고, 야간운영을 위한 야간장비 및 시스템 증진 등을 논의하였으며 최근에 호주 콜슨 회사가 발전시킨 NVG 운용으로 S-76 헬기가 S-61헬기를 안전하게 유도하여 물을 담수하고 투하하는 2대의 협동 임무방법을 활용한다. 안전측면에서는 인적요소, 승무원협조, 관리의 위협과 오류, 정보처리 및 의사결정을 위한 상황인식을 강조하고 대중과 정치인의 압력이 리스크 요인임을 경계하며 안전문화를 증진하고 사고율을 감소하기 위해 '공중진화 사고관리팀'을 운용하는 것을 강조한다.

5.1.3 NVG(야간투시경) 항공진화

산불이 빈번하고 강해짐에 따라서 산불관리에서 중요한 것은 산불에 대응하는 것을 모색하는 것으로 야간산불 감소의 대부분은 온도감소, 습도증가, 바람이 약하기 때문에 이때 헬기가 투입되어 진화하면 효과가 있지만 식별력 난이, 착시현상, 공간정위상실, 고도판단력 저하 등 야간의 시각적인 한계로 항공기 조종능력이 상실되어 매우 위험하여 투입하지 못하고 있다. 야간진화를 위한 NVG(Night Vision Goggle)사용은 산불진화기관의 항공진화자에 의해서 결정되며 이는 현재는 물론, 미래에도 시험 하면서 운영될 것이다. USFS는 NVG 착용 야간비행을 Night-aided flight, NVG 미착용 야간비행을 Night-unaided flight 라고 정의하며 본 저서에서는 이후 편의상 NVG 및 no-NVG 로 사용했다.

1. 기원 (Genesis)

NVG는 2차 세계대전에서 뿌리를 추적할 수 있고, 독일과 미국이 2차 세계대전이 끝날 무렵 "0세대"(Generation 0) 야간시각 시스템을 약간 배치하였다. 미국이 베트남 전쟁에서 사용한 것은 "1세대"(Generation 1)장비(작업시 최소한 작은 조명, 달빛이 필요함)이며 더욱 강한 장비 "2세대"는 걸프전쟁에서 사용하였고 21세기 초에 더욱 성능이 개선된 "3세대" 장비가 가용하였다. 다양하게 알려진 "3세대+4세대" 장비는 훨씬 가볍고 더 나은 광학 특성, 이전의 세대보다 더 오래 사용 할 수 있다.

전쟁에서 군사의 NVG 사용과 병행하여, 진화기관들은 이 기술을 시험하였다. 1973년 의회는 국가에 극심한 산불이 위협을 주는 것을 감소하기 위한 새로운 기술 연구를 위해 산림청에 특별예산을 승인하였다.

헬기야간운영 프로젝트는 '샌 디마스 장비 개발 센터'에 할당되었으나 미 산림청이 실험을 하는 유일한 기관은 아니었다. L.A 카운티 산불부서와 샌 디마스는 연합하여 잘 도약하였다.

최초의 야간 물 투하는 1974.6.16 L.A 카운티 산불부서의 고정 물탱크를 장착한 Bell204B 헬기로 L.A 국유림의 산불이었다. 1976년 미 산림청은 로스 파드레스 국유림의 로스벨리 헬리 베이스에 최초의 NVG 헬기 Bell212를 배치하였고 1977년 두번째 Bell212 NVG 헬기는 L.A 국유림의 탄바크 헬리포트에 배치하였다. 최초 배치에서 몇 가지 문제가 있었는데 2세대 NVG를 사용하였고 기능적인 제한으로 ; 강한 불빛 또는 윈드 스크린에 반사되는 섬광(glare)이 갑자기 전방에 나타날 때 비행계기, 'blooming'(시각이미지 손상)에 대한 민감성으로 전방주시를 방해하는 40°의 좁은 시각, 'visual acuity equal to 20~50 vision', 'full face' 설계 등 이었다.

2. 미 산림청 NVG 운영 발전사

〈NVG 발전사 요약〉

- 0세대 NVG : 2차대전 말 미국과 독일 최초로 사용
- 1세대 NVG : 미국이 베트남전에서 사용

- 2세대 NVG : 미국이 걸프전에서 사용 PVS-5
- 3세대 NVG : 21c초 성능개선 ANVIS 6
- 3+세대 NVG : 성능 업그레이드 ANVIS 9
- 4-세대 NVG : 레이저 이용 NVG 시험, 전방적외선탐지
  FLIR(Forward Looking Infrared Research) 활용

USFS는 1963년부터 San Dimas Equipment Development Center에 연구 임무를 부여하였고, 이 부서는 3년 동안 야간 기술, 항법, 및 화재진화 임무에 대한 광범위한 연구를 하였다.

먼저 군대를 대상으로 효율적인 조명 및 항법장비를 평가하고 조종사 자격훈련, 헬기 필요 장비, 헬리스폿 필요사항, 피행경로, 비상착륙장, 시정, 지형, 생리적 요소에 대한 것을 연구하였으며 1966년에 이러한 연구정보를 USDA FS Fire Control Notes에 기고와 함께 연구기관에 정보를 제공하였다. 1972년 4월 세크라멘트에서 산림청과 캘리포니아 산림부서와 소방 간의 야간 전자지원시스템에 관한 논의를 하였으며 군의 NVG 개선과 사용을 계속하면서 소방기관들도 이 기술을 시험하였다.

1972년 12월에 육군에 협력을 요청하였으나 타협이 되지 않다가 1973년 5월부터 11월까지 7개월 동안 육군의 UH-1M 헬기를 사용하는 것으로 결론을 내리고 1973년 미 의회는 국가에 극심한 산불이 위협을 주는 것을 감소하기 위한 새로운 기술연구를 위해 산림청에 특별예산을 승인하였다.

연구 프로젝트 수행을 위해 산림청은 위원회를 구성하여 3단계로 계획을 수립하였으며 1단계는 1973년 초 회계연도에는 장비선택, 교육 및 테스트, 시연, 소방운영. 2단계는 1973년 중반부터 1974년 말까지 기술수정, 정책 및 전술개발, 계약자 훈련, 소방운영(기관, 계약자, 조종사). 3단계는 1974년 중반부터 1975년까지 운영상 입증된 장비, 수립된 정책 및 전술, 운영구현(계약 조종사) 이었으며, 이 계획에 따라 실시한 시험은 다음과 같다.

- 육군에서 지원받은 UH-1H 헬기로 NVG로 산불진화를 처음으로 엔젤스 국유림에서 실시.(1974.2..)
- 애리조나에서 일주일간 USFS 조종사 1명과 토지관리국(BLM:Bureau of Land Management) 조종사 1명이 실험 및 훈련.
- L.A카운티 조종사에 의해 Rock Fire에서 야간 물투하를 10회 수행.(1974.6.16)
- 육군헬기는 전방적외선탐지(FLIR: Forward Looking Infrared) 시스템은 야간, 연기, 안개 조건에서 화재 정보와 항법 가능성을 제공하는 잠재 능력을 보여주었음.

- L.A카운티 조종사가 Sobora Fire에서 성공적인 야간진화를 하였음(1974년 8월28일~29일 12:00~02:00)
- 시험팀 UN-1H는 NVG 및 FLIR을 이용한 야간항법을 미국 서부 3,600마일 비행(1974년 10월)
- 1975년 여름, 프로젝트는 연구개발단계에서 배운 기술정보지식 및 절차를 운영 계획 및 지침으로 만들었는데 지침 중에 조종사는 50시간의 헬기야간비행 경험, 5~10시간의 NVG 운용으로 최소한 45분간 3회 이착륙 비행경험과 기관에서 승인된 기관의 시험에 합격하고 야간헬기비행자격 카드 소지가 요구됨.

1976년에 L.A 카운티 소방국은 최초로 NVG(2세대) PVS-5를 장착한 B-212 헬기 1대를 로스파드레스 국유림의 로스벨리 헬리베이스에 배치하였으며 1977년 USFS 헬기와 L.A 카운티 헬기가 공중출돌로 L.A 카운티 조종사가 사망하여 L.A 카운티는 야간프로그램이 중지됨. 사고 후 San Dimas Equipment Development Center와 Steering Committe는 1977년 11월부터 자세한 헬기 야간비행 운영정책을 개발했다. 이 정책은 5개 경영진과 NVG 운영위원회에서 지속적으로 개정 및 개선되었으며 1978년 3월까지 수정된 3개 부분의 운영정책(권한, 정책, 운영)을 개발하였으며 정책과 운영에는 모든 야간 헬기운영에는 2명의 NVG 유자격 조종사와 쌍발엔진 헬기를 운용토록 하였다.
헬기는 고정식탱크를 장착하며 승인된 이·착륙장에서 이·착륙시 감독을 해야 하며, Go/No-Go Check List를 사용하는 사항들이 포함되어 있다.

기간 중에 프로젝트 개발회사를 South Zone Air Unit로 변경하였으며 1979년 위원회는 야간 헬기운영 권장 사항을 제시하였는데 그 중 하나의 내용은 산림청 조종사가 단발엔진 헬기로 훈련하도록 하도록 변경하였다.

1980년 LosPadres 국유림은 Rose Valley helibase에서 Bell212 헬기 1대를, 엔젤레스 국유림은 Tanbark helibase에서 Bell212 헬기 1대룰 사용하였다.

시즌 동안 두 헬기는 NVG 운용으로 13회의 화재에 참가하였고 3번의 화재는 두 대의 헬기를 같이 운용하여 86시간의 비행으로 125,000갤런의 물을 투하하였다.

1982년 야간승무원과 지상요원을 위한 야간비행헬리콥터 훈련 프로그램을 개발하였으며 1983년까지 NVG 운영연구를 계속하여 문제점을 발굴하여 개선시키면서 운영 부분 프로젝트는 종료하였으며 일부 NVG 작동 시험은 1985년까지 진행하였다.

[그림 5-2] NVG(야간투시경)를 착용한 조종사
(출처:Night Aerial Firefighting Operation Summit, USDA FS, 2016)

10여년에 걸친 연구프로그램은 항공분야의 새로운 미션 역량을 갖춘 획기적인 것으로 프로그램이 제공한 절차, 평가, 운영 등의 사용은 매우 귀중하며 어렵지만 실제로 임무 실행이 가능함을 입증하였고 향후 프로그램을 위한 토대를 마련하였다.

3. 전술(Tactics)

야간산불진화를 위해 진압제를 운반하는 방법은 hover-fill, ground-fill이다. ground-fill은 항공기가 산불투하를 위해 지상에서 이륙 전에 진압제를 재보급하는 것이고, hover-fill은 제자리 비행을 하여 스노클로 물을 재보급하는 것이다. 지상승무원은 아답타에 호스를 연결하여 물을 채우며 물을 공급하는 동안 빠르게 이륙하기 위하여 로타는 머리위에서 회전하고 있다. 일부 조종사에 따라서 hover-fill이 시간이 덜 걸린다.

그러나 야간에는 리스크 요소가 나타난다. 조종사는 많은 물의 용량이 로타 하강풍으로 인하여 물방울이 튀어 올라 'white out'이 된다. 그리고 물과 진흙이 혼합된 것들이 윈드스크린에 묻게 된다. 현재 남부 캘리포니아에서 3개의 기관(L.A 카운티 소방부서, 샌디에고 소방-구조부서, 오렌지 카운티 소방서)이 NVG 운용을 한다. 이 기관들은 3세대(Anvis 9)를 사용하고 이 시리즈의 두 번째 단계로서 더욱 정밀한 시험을 할 것이다.

4. NVG 장착 야간진화 경험(사례)

가. L.A 카운티 산불부서(LACoFD)

NVG를 가장 오래 운용한 기관으로서 L.A 카운티 산불부서(LACoFD)는 NVG장착 승무원을 카운티에 배치하였다. 9대의 산불진화 항공기(산불버전의 군 UH-60블랙

호크)는 야간에 최고의 공중진화 항공기이다.

1995년, Bell412와 2대의 S-76을 개조하여 NVG-compatable lighting 로 실시하였다. NVG에 더 숙달하면서, 2005년 푸트힐의 팜데일 근처 산불에 헬기 2대를 투입하여 지상인원이 도착하기 전에 산불을 진화하였다.

3세대 가글은 발전되어 ANVIS 9의 개발이다. 자동 광도 조절은 더욱 좋아져서 지역을 밝게 볼 수 있다. 그러나 야간에 가글을 착용하고 담수지에서 하바링 할 때 윈드 스크린에 물이 뿌려지고 로타 하강풍으로 인하여 윈드 스크린에 혼합된 쓰레기와 진흙이 묻어서 시계를 흐리게 하여 안전한 방법이 아니다.

나. Orange County Fire Authority(OCFA)

NVG는 매우 좋은 기술이고 그것이 없으면 야간에 아무도 비행 할 수 없다. 언덕이나 호수 같은 커다란 암흑 지역(big black area)에서 NVG 없이는 비행 할 수 없다는 인식으로 OCFA는 최근에 2대의 Bell412와 2대의 UH-1H로 비행하였다.

다. San Diego Fire-Rescue Depart(SDFD)

Bell 212HP 1대 및 신형 Bell 412 2대로 구성된다. SDFD는 적절한 스캐닝 기술을 활용하여 보상한다. 물방울을 통한 불빛이 'white out'을 만들기 때문에 야간에 호수에서 하바링 담수를 원하지 않는다. 가글은 시각 참조점을 상실하기 때문에 바로 가능하지는 않다. 더불어 가글을 착용하면 chin bubble(항공기 기수 아래 보임 창)이 'black out' 된다.

4. NVG 의 미래

지금까지 미래에 무엇을 할 것인가를 산불기관이 사용한 최근의 기술에 대하여 알아보았다. 군대는 파라노마식 NVG를 갖춘 4세대 NVG를 시험하고 있고, 조종사의 시각넓이는 40°에서 95°로 넓어지고 있으며, 그들은 산불진화 헬기를 위해 레이저 설계를 사용하여 전방적외선 탐지(FLAR : Forward Looking Infrared)를 계속 시험 중에 있고, 계속해서 발전 중에 있다.

〈Infared 기능〉

- 임무는 공중 열탐지 및 지도 작성 기술로 산불지원을 한다.
- 적외선 스케너는 최고 14,000피트 상공을 지나면서 지상의 6인치 hot spots을 탐지한다.

자원은 탐지하는데 600℃가 요구된다. 전형적인 스케닝 비행고도는 10,000 AGL이다.

- 적외선 스케닝은 좋은 온도 대조로 야간에도 할 수 있다.
- 스케너는 1시간 동안 1 백만 에이커를 할 수 있다.
- 2대의 산림청 항공기(Kng Air, Cessna Citation)가 운용되며, 적외선 탐지 비용은 $1,000~$5,000 이다.

이 경우에 S-61항공기로 투하는 눈에 보이는 hot spot이 필요하다. S-61 조종사는 3세대 NVG로 레이저 점을 볼 수 있다. "우리는 컴퓨터 시스템으로 타켓을 찾아서 FLAR로 제압하였다. 레이저 기술은 정말 놀랍다."고 조종사 스테판은 말했다.

5.1.4 야간항공진화 체계

1. 초기진화 / 확산진화 요건

가. FIRESCOPE[1] Night Flying Guidences 야간 초기 진화임무를 수행하기 위해 다음 기준 중 하나 이상을 충족해야 한다.
   - 생명이 위협받거나 위협받음
   - 건물, 시설물이 위협받거나 위협받음
   - 경제적 가치가 큰 자원이 위협받거나 위협받음
   - 지나치게 높은 진압비용은 방지됨

나. 조종사는 친숙하지 않은 지형으로 야간에 비행하지 않아야 한다.

다. 야간 운항 전에 작전지역의 세부적인 주간 정찰을 수행한다.

2. 야간운영 전술적 목표

가. 야간작전 전에 브리핑을 완료한다.

나. NVG 사용 효과가 제한되므로 일몰 직후 및 일몰 직전의 황혼 시간은 비행을 금지한다.

다. 야간작전 동안 사용할 전술적 목표를 알고 진화전술을 결정한다.

라. 전술적 목표는 시설물보호, 고정점 및 측면, 비산화 및 확산 억제전술이다.

---

1) FIRESCOPE : FIrefighting REsources of Southern California Organized for Potential Emergencies의 약자로 잠재적인 사고를 위해 조직된 캘리포니아 야간 프로그램이며 야간진화 비행을 하는 모든 부서(FIRESCOPE Aviation Operations Specialist Group, 2013)에서 지침으로 사용함

3. 야간운영 브리핑 지침

가. 야간항공 업무지역의 모든 요원을 식별하는 방법을 확립한다.
- 요원을 식별하기 위해 스트로브 라이트 및 유색 화학 라이트 스틱을 사용할 수 있다.
- 청색 화학 라이트 스틱은 NVG에 보이지 않는 스펙트럼의 빛을 발사한다.
- 항공기에 직사광선을 직접 비추지 않아야 한다.

나. 목표설명은 GPS 좌표로 한다.

다. 목표설명의 기준점은 설명할 수 있는 명확한 랜드마크로 식별한다.
- 도로, 개발된 지역, 고립된 구조물, 차량 등과 같은 인공 랜드마크
- 봉우리, 노두, 강, 개울, 호수 등과 같은 자연 랜드마크
- 조명도로, 고속도로, 건물 등은 지상 및 공중에서 식별가능

라. 목표설명의 수단으로 스트로브 라이트 사용이 가능하다.
- 적절하게 계획된 경우 중간 및 단거리 목표설명에서 특정 위치를 기준점으로 식별하는 수단으로 사용
- 스트로브를 사용하려면 승무원에게 브리핑을 함.
- 지상요원은 스트로브 사용훈련을 받고 조종사에게 통신 신호를 보냄

마. 레이저 포인팅 장치 사용은 제한한다.
- 적절하게 계획된 경우 중간 및 단거리 목표 설명에서 특정 위치를 기준점으로 식별하는 수단으로 사용
- 레이저 포인팅을 사용하려면 승무원에게 브리핑을 함.
- 지상요원은 스트로브 사용훈련을 받고 조종사에게 통신 신호를 보냄.
- 어떤 거리에서도 항공기에 레이저장치를 향하는 것을 금지

바. 물투하 지역 안전예방
- 물투하 전에 인원(진화대원, 일반인)이 없는지 확인
- 공중에서는 육안확인 어려움
- 진화대일 경우 헤드램프를 사용하면 시각적 확인이 용이함.

사. 야간운영 기간 동안 구조/구급(Rescue/Med-Evac) 대응계획을 수립한다.
- 모든 팀원은 야간 구조/구급 대응계획 수립 및 브리핑을 함
- 구조구급을 위한 잠재적인 야간 HEMS[2] 임무도 반영됨.

아. 야간운영 전술적 목표 및 브리핑 지침은 Worksheet Checklist에 명시한다.

---

2) HEMS : Helicopter Emergency Medical Service

4. 야간운영 헬리스폿 지침

가. 헬리스폿을 승인하기 전에 주변의 잠재적인 지상 위험 요소를 확인 하고 위험 완화 조치한다.

나. 먼지가 없는 단단한 지면에 헬리스폿 설치한다..

다. 이륙 및 착륙 경로와 장주를 결정하고 위험을 식별한다.

라. 운동장, 주차장, 비행장 등 밝은 곳은 양호하다.

마. 야간작전 중 풍향의 변화를 예상하고 풍속의 한계를 설정한다.

바. 외부와 무선통신에 지장이 없는 주파수를 사용한다.

사. NVG로 쉽게 식별할 수 있는 가시성이 높은 랜드마크를 보고지점으로 식별한다.

아. 지상 인원은 승무원과 같은 표준화된 헬리콥터 수신호를 사용한다.

자. 헬리콥터는 수신호에 동의하여 이・착륙한다.

차. 헬릿스폿에서의 비상사고에 대응하기 위한 비상절차를 수립한다.

5. 야간운영 지상급수 지침

가. 급수는 표준화된 호스레이(hose lay)를 사용한다.

나. 풍향의 변화에 따른 호스라인의 이동 가능성을 예상한다.

다. 유량은 헬리콥터 고정탱크의 연결점에서 적절한 GPM이 되도록 계산한다.

라. 지상 인원에게 원하는 양의 물을 알리는 방법을 결정한다.

마. 야간운영 헬리스폿 지침, 지상급수 지침은 Go / No-Go Checklist에 명시한다.

5.1.5 야간 및 강풍 대응기술 개발

현재 야간 산불에 대한 항공진화 자산은 충분한 능력이 미흡하고 강풍시 또한 진화효과성이 제한되어 있다. 야간 산불진화를 위해 사용하고 있는 항공진화 자산은 제대로 장비되거나 훈련되어 있지 않다. 이러한 이유로 항공자산에 의한 야간산불진화 능력은 대략 50% 정도로 저감되고 있다. 또한 현행 규정은 풍속이 35마일 이상일 때 항공진화 자산을 기지로 복귀시킨다. 돌풍은 항공기가 선정된 고도에서 비행하기 위해 항공기 속도를 순간적으로 감소시키고 심각한 안전문제를 야기시킬 수 있다. 예측 불가능한 돌풍은 투하지점을 놓치게 만드는 경향이 있다.

그리고 강한 풍속은 물이 산불지역에 도달되기 전 조기에 소산 또는 증발될 수 있다. 이러한 역효과는 안전하게 비행하기 위해 설계된 항공기의 사용 또는 산불지역 적당한 고도에 도달할 때까지 소실 없이 산불진화제(간접진화제, 젤, 폼, 물)를 운반할 수 있도록 설계된 새로운 기술을 사용함으로써 감소시킬 수 있다. 산불발생시 강한 바람은 주간에 산불진화능력의 25%가 저감된다.

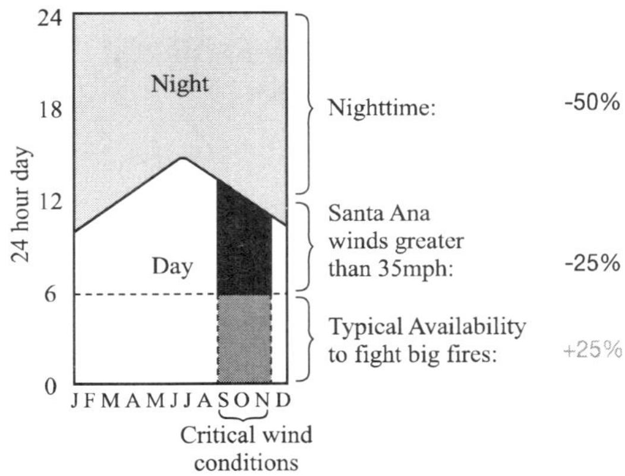

[그림 5-3] 에어탱크 주야간, 강풍시 진화능력
(출처:Wildfire Research Network, California)

따라서 야간 및 강풍에서 경험한 효과성의 상실 없이 항공기에 의해 진화할 수 있는 기술개발이 필요하다. 그래서 수송기 출입문 후방으로 진화제를 살포할 수 있는 PCADS (Precision Container Air Delivery System) 정밀 컨테이너 운반장치로 불리는 신장비가 현재 개인회사 의해 개발되고 있다.

PRECISION CONTAINER AIR DELIVERY SYSTEM CONCEPT

[그림 5-4] PCADS 투하 개념
(출처:그림 5-3과 동일)

이 기술은 조기 투하 및 분산 방지와 돌풍 및 난기류에 상관없이 사전 계획된 지점에 도착할 수 있는 수단이다. 이 시스템은 산불에 대해 최대한의 억제 효과를 발휘할 수 있는 최적의 고도와 속도에 도달할 때까지 진화제가 분산되지 않도록 유지시켜 줄 것이다.

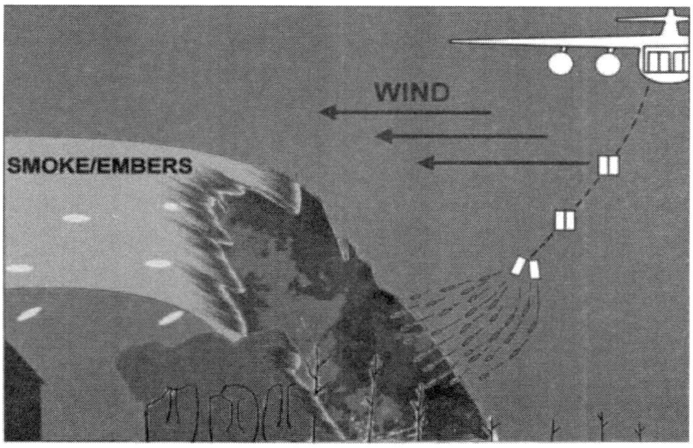

PCADS POTENTIAL EFFECTIVENESS IN HIGH WINDS

[그림 5-5] 강풍시 PCADS 투하 효과
(출처:그림 5-3와과 동일)

5.2 한국의 야간항공진화 발전과정

5.2.1 경과

야간산불진화는 야간비행과 다르게 산불에 의한 착시현상에 의하여 안전운항의 리스크가 매우 크다. 미국에서도 야간 공중진화기술은 산림청이 1970년대에 준비하여 야간진화 규정을 보완은 하고 있으나 실제적인 산불현장에 항공기 투입은 신중하게 접근하고 2003년 세다(Seda)산불 및 2009년 스테이션(Station)산불을 계기로 논쟁이 지속되어 야간투시경 기술을 중심으로 연구 중이며 2013년부터 시험적으로 남부 캘리포니아에서 2대를 운용하였다.

우리나라는 2005년 봄철 동시다발적인 산불이 야간으로 이어져 대형산불에 대한 대응이 미흡하다는 비판에 따라 동년 5월 17일 국무회의시 산림청의 '대형산불 예방 및 대응체계 개선방안' 보고에서 헬기 야간비행의 필요성에 대하여 논의하였다. 이때는 헬기의 야간진화는 위험하므로 야간산불이 발생하는 지역에 헬기가 야간 이동하여 일몰과 동시에 신속히 대응하는 개념이었다.

동년 11.28~30일까지 야간이동비행에 대한 시범비행 및 검토회의를 하여 기상은 운고 1,000피트, 시정 3마일 이상으로 제한하고 야간비행시간은 일출·일몰 1시간 전후에 박모비행을 원칙으로 하며 기종은 Ka-32T와 S-64E로 제한하여 실시하도록 운영규정을 개정하였다.(2006.1) 또한 항공법 시행규칙 제225조(항행안전시설의 설치 및 기술기준)에 의해 각 관리소 계류장에 풍향등, 착륙구역 등을 설치하였고 야간투시경을 연차적으로 보급하기로 하고 야간이동비행 세부훈련계획을 수립 및 시행하였다.

이후 2009년 자체 야간헬기진화 시험을 2회 하였으며 비행안전 및 진화효율성 문제로 야간진화는 하지 않고 선진국(미국)의 사례를 검토하기로 하였다. 또한 2012년11월 산림청 조종사 57명에 대해 야간공중진화 설문조사 결과 53명(93%)이 불가하다고 답변하였다.

그러나 우리나라도 2013년 3월 9일 포항의 야간산불로 인하여 인접지의 인명 및 재산 피해에 대한 사회적 비난여론이 제기되어 헬기야간진화에 대한 요구가 증대하였다. 이에 대응하기 위하여 선제적으로 지자체의 경남도가 요구하여 국토교통부, 산림항공본부, 헬기사용업체 등과 헬기야간진화 운영관련회의를 하여 동년 4월3일 민간항공에서 야간헬기진화 시연 및 시험비행을 하였다. 시연회 결과 국토교통부는 조종사가 장애물을 충분히 숙지하고, 헬기운영은 일몰 후 2시간 이내로 제한하며, 풍속 5m/sec 이상 등 기상이 좋지 않으면 비행을 금지하고, 주위에 충분한 조명 하에서 진화하며, 조종사는 야간비행 및 산불진화경험을 충분히 갖추어야 하는 등 헬기 야간 운영방법 및 절차 등을 보완할 경우 제한적으로 가능한 것으로 판단하였다.

또한, 경남도는 야간진화를 위한 헬기도입정책을 산림청에 건의하였으며 캐나다에서 임차한 CL-215 에어탱크로 동년 5월 6일 20:50분에 경남 사천시 곤명면에서 발생한 야간산불을 사천공항에서 소방차로 급수하여 최초의 야간산불을 진화하였다.

야간헬기진화는 물담수 및 물살포시 착시로 인하여 사고의 위험이 높고 물살포 고도가 주간보다 2배 이상 높아 진화효율성이 낮음에도 불구하고 국내·외에서 국가 사회적으로 야간공중진화에 대한 요구가 증대하여 산림청 산림항공본부는 우리나라 실정에 맞는 헬기 야간진화방안 수립을 준비하고 있다. 2013년 5월 헬기야간산불진화 T/F팀을 구성하여 NVG 사용을 검토 및 준비하였고 2019년 속초산불 이후부터 본격적인 NVG 시험운용을 시작 하였으며 동년 산림청 산불방지대책에 야간헬기진화 검토 등 진화역량 구축을 위하여 야간산불 임무수행을 위한 훈련비행 및 안전성 평가 항목이 포함되었다. 따라서 산림항공본부는 2019년 10월에 '야간산불 진화 위험도 평가 및 안전대책 수립연구' 연구용역을 하였고 2020년 12월에 '헬리콥터 야간산불진화조지 구성 및 운영방안 수립연구' 연구용역을 실시하여 자체실정에 맞게 훈련 및 운용을 하고 있으며 현재까지 수리온 (KUH-1FS)헬기 한 대로 운영되고 있으나 추가로 더 운용할 계획이다.

5.2.2 헬기야간진화 시연

(1) 시연 개요

- 경상남도의 요구로 국토부, 산림항공본부, 한서대학교, 헬기사용업체 등 헬기야간진화 안전운항 확보 회의(3.25)
- 국토교통부 헬기 야간 산불진화 시험비행 허가 (운항정책과-42호, 2013.4.1)
  - 일시 : 2013. 4. 3(수) 19:30~20:3 (2016.10.18. 가글착용 시연, 인제)
  - 장소 : 밀양시 산외면 금곡리 105-1번지 일원
  - 주관 : (주)대진항공
  - 기종 : KA-32T 까모프 헬기
  - 내용 : 야간 이·착륙, 담수(펌핑), 진화 등 전반적인 사항
  - 참석자 : 국토교통부, 산림항공본부, 경상남도 산림국, 시·군 산불담당, 부산지방항공청, 임차헬기관계자, 주요언론 등 약 100여명

(2) 시연환경

- 기상 : 풍속 2m/sec 이하, 시정 7mile, 운고 없음, 무월광
- 지형 및 장애물 : 고압선등 주변장애물이 없는 넓은 조건으로 담수 및 투하지역이 양호한 지역에서 실시
- 광원조건 : 무월광이나 주변 마을불빛 행사장 조명 등으로 인하여 비교적 양호
- 비행기동 : 60~70 km/h 이하의 속도에서 매우 완만한 기동과 자세 변화의 비행
- 조종사 지형숙지도 : 해당지역을 충분히 숙지하고 있는 조건
- 시연 및 시험방법
  - 30m 와이어 로프에 자체 개발한 물탱크를 장착하여 담수 및 항로운항
  - 담수, 운항, 접근 물 투하시 물탱크 장착 서치라이트 사용
  - 가상산불(라이트 시설 포인트) 지역에 접근하여 6~7회 투하

(3) 야간진화탱크 개발

야간산불 진화 장비 구성

헬리콥터

항공기	제작국	러시아	최대 이륙중량	11,000kg
항공기	제작사	KUMERTAU	외부화물	5,000kg
발동기	제작사	KLIMOV	항속거리	615km
발동기	형식	TB3-117BMA*2	높이	5.4m
순항속도		200km/h (1000피트)	길이	3.5m ∅15.9m
항속시간		3시간10분	넓이	3.5m ∅15.9m
탑승인원		조종사(2명) 승객(16명)	사용연료	JET A-1
밤비모델		HL5000	담수용량	5000L
야간 항법 장치 장착				

물탱크

크기	2,400(L)×1,600(W)×1,700(H) (탱크높이 : 1,100)
물탱크용량	4,000L
자체중량	950kg
전방라이트	55W × 8개
전방입체라이트	55W × 1개
하방라이트	55W × 4개
엔진발전기	220V 10kVA
담수구	4개소(소방차호수 직결)
자체양수펌프	2HP×4대(Full 담수 : 1분30초)

[그림 5-6] 야간산불진화 헬기와 물탱크
(출처:대진항공시연자료, 2013)

(담수)

(이동)

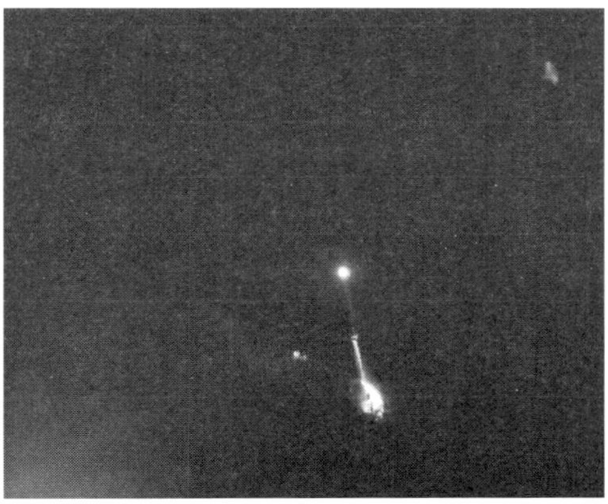

(물투하)

(물투하)

[그림 5-7] 진화헬기 시연
(출처: 저자촬영, 2013)

(4) 시연 평가결과

- 평가중점
  - 물탱크의 운영시에 따른 장비 안전성 및 효율성 평가
  - 물탱크 장착 서치라이트의 운영시 안전성 및 효율성 평가
  - 실전 대형산불환경을 가정한 환경 하에서의 영향성 평가 등
- 분석결과
  - 장비부문 : 물탱크의 경우 기존화물 운반 후크시스템에 사용 할 수 있도록 제작되어 1 톤 정도의 무게로서 구조적인 문제는 없으나 장거리 운반 또는 장거리 운반시 화물이 이탈할 경우 상당한 위험이 될 수 있음

- 운영부문
  - 시연시 산불지역을 가상한 지역에 물을 투하하는 고도, 정확성 등은 비교적 양호
  - 담수시 소류지 또는 소방차 등을 이용한 물 공급은 상대적 양호하였으나 수심이 깊고 지상참조점 등이 부족한 댐 저수지 등에서는 탱크 구조물이 침수될 수 있고 침수 될 경우 자체 엔진이 정지되어 모든 조명시스템이 Fail 될 수 있는 기능상의 취약한 구조를 가지고 있으며 조종사가 야간에 일정고도에서 정밀한 제자리 비행을 할 수 없기 때문에 담수를 수행하는데 문제가 있음
  - 특히, 이착륙시 또는 저속접근시 실제 탱크가 자전과 스윙을 하게됨에 따라 탱크의 전방조명이나 하방조명이 계속 움직임으로서 조종사가 지상에서 항공기를 제어하는데 불안한 요소가 될 수 있음
  - 공중이동시(속도 50~60km/h)시 물탱크의 전후, 좌우 흔들림 발생에 따른 물탱크 서치라이트의 전.후, 좌.우 이동으로 인한 순간적인 착시유발이 가능하며 전방과 하방의 지형에 한하여 제한적으로 식별 가능
  - 항공기 비상상황 발생시 비상조치 제한
- 실제 대형야간산불 조건하에서의 운영측면
  - 대형산불의 경우 풍속이 10m/sec 이상의 조건에서 주로 발생됨에 따라 그러한 환경을 가정할 경우 알려지지 않은 장애물 지역, 계곡, 풍속 등을 고려한다면 매우 위험한 비행환경 에 노출될 수 있음.
  - 이동비행시 서치라이트 이외 방향 지역의 장애물식별 등은 거의 불가하며 예상치 못한화염이나 연기 등에 조우할 경우 비행안전에 매우 위험하며 강풍시 탱크의 스윙, 투하된 물의 편류에 따른 정확도 진화효율 등은 추가 검증이 필요하다고 판단됨

(5) 평가결론

- 금번 헬기를 이용한 야간산불진화 시연 및 시험비행은 야간에 서치라이트를 사용한 상태에서 화물운반과 유사한 조건으로서 실제 급기동이나 장애물 회피조작 등이 요구될 수 있는 대형야간산불발생 환경과는 많은 차이가 있음
- 향후 야간산불진화에 운영될 경우 다음과 같은 매우 제한된 운영조건 하에서 운영되는 것이 요구됨
  - 추가 조명하에서 지상급수, 소류지급수, 사전 숙지된 지형, 고압선 장애물 등이 없는 지역, 급기동이나 장애물 회피조작 등이 요구되지 않은 지역, 풍속이 5m/sec이하 환경

- 조종사의 충분한 수직참조 화물운반경험, 산불진화 경험, 야간비행 경험유지 등이 포함되어야 함
- 야간진화에 참여하는 승무원간, 지상지원인력간의 충분한 교육
- 주간산불에서 야간으로 이어지는 상황하 제한된 운영 (예 2시간이내 등)

• 대형야간산불발생 조건하에서 숙지되지 않은 지형 계곡 등에서의 운영은 비행위험조건

(6) **국토부 조치**(2013.4.12)

• 산림항공본부 의견을 참고하여 경남도에 통보한 내용
- 야간에 지상 참조점이 부족한 댐. 저수지 등에서는 담수가 곤란하고 물탱크에 설치된 조명장치가 헬기운항시 심한 흔들림 등으로 조종사의 비행착각을 유발할 수 있는 등 위험성이 매우 높으나 헬기 야간운영방법 및 절차 등을 보완할 경우 야간에 제한적인 운영이 가능할 것으로 확인함
- 제한사항 : 산불지역의 지형 및 장애물 숙지, 일몰후 2시 이내로 제한, 풍속 5m/s 이상시 자제, 소방차등을 이용하여 지상 및 소류지 등에서 담수시 충분한 조명확보, 화물운반 훈련경험

5.3 야간항공진화 전술

5.3.1 야간항공진화의 전략적 방향

1. 야간공중진화 프로그램을 수행하는 데에는 통제되지 않는 부분이 존재하여 위험이 높기 때문에 많은 준비와 계획, 훈련, 감독, 통제가 요구되고 조직이 함께 협조하여 안전성, 효율성, 효과성을 확보하여야 한다.
2. 야간진화의 위험요소를 감소하기 위하여 시간적, 공간적으로 제한한다.
3. 주간부터 야간으로 이어질 경우 주간부터 지형 및 장애물 확인되어 야간진화를 하지만 야간에 산불발생 시에는 금지한다.
4. 야간진화율은 주간 진화율의 50% 이다.

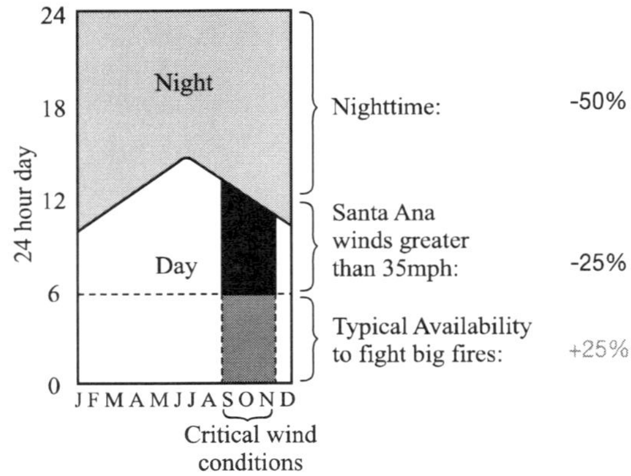

[그림 5-8] 캘리포니아 야간 및 풍속 진화효과 연구
(출처:Wildfire Research Network, California, USA)

〈야간진화의 전략적인 장점〉

- 야간에는 온도가 하강하고 상대습도가 높으며 주간과 비하여 상대적으로 바람이 약하여 화염강도가 낮으므로 진화의 효과성이 있다.
- 야간진화는 산불 강도를 낮추어 지상진화대에 도움을 준다.
- 작은 불에 대한 신속한 진화는 주간 산불확산을 제한하고 진화시간을 단축할 수 있다.
- 국가, 사회, 정치적인 민감도에 대응할 수 있다.

[그림 5-9] 야간의 기상 현상
(출처:747 Supertanker Night Operations A new paradium)

〈헬기 야간진화 투입기준〉

- 미국은 항공기가 야간에 진화를해야 할 시기를 전략적으로 규정하였다. 즉 야간진화 수행의 당위성과 필요성을 규정에 명시하여 ①생명 위협, ②시설물 위협, ③경제적 가치 위협, ④과도한 비용방지. 4가지 조건 중 1개 이상 충족시 야간진화를 시행한다.
- 우리나라 산림보호법 제36조 제3장 산림보호법 시행규칙 제31조에 산불진화의 우선순위로 민가, 사람이 있는 곳, 문화재 및 산림보호구역, 기간산업시설 등을 진화우선순위로 하고 있다.

우리나라 산림청에서 법으로 규정된 산불진화 우선순위와 미국의 야간헬기 투입기준을 비교하여 다음과 같이 설정한다.

- 민가, 사람이 있는 지역에 인명피해가 우려될 시
- 문화재, 국가기반 산업시설 피해가 우려될 시
- 산불확산 가능성이 높은 비산화 지역
- 그러나 상기 조건에 해당이 되고 대형산불로 확산되어 헬기투입이 되어도 효과성이 낮거나 기상 조건이 규정을 넘어서 헬기안전에 위협이 될 경우에는 임무투입을 포기하여야 함

5.3.2 야간항공진화전술 개발

외국의 주·야간 공중진화 전략 및 전술에 대한 고찰 결과를 중심으로 다음과 같이 우리나라 항공에 적용 및 실천 가능한 방향을 제시한다.

1. 야간진화전술 요소.

가. 야간진화전술 고려사항

- 주간 진화전술의 응용
- NVG 및 No-NVG의 적절한 사용
- 진화화학제 사용 : 폼(Foam), 지연제(Retardant), 겔(Gel)
- 특정 지역(산림·도시 연접지) 진화
- 기상 기준 설정
- 야간진화시간 제한
- 이·착륙장 및 급수장 운용
- 야간특성 고려
- 공지합동전술

나. 야간진화 리스크 저감 방안

- 야간은 주간보다 50% 진화율이 저감, 시각적, 공간적 한계로 안전성 위험이 있기 때문에 진화의 효율성, 효과성이 떨어짐. 이를 최대한 극복하여 야간진화 전술을 개발
- 야간 물투하 고도 기준은 주간과 동일하게 15m이나 산림항공본부는 25m 이상으로 하여 조종사의 결정에 따름
- 물을 25m 이상에서 투하하면 물의 증발 및 분산으로 인하여 효과가 저감(물투하율 15% 이하)되므로 진화의 효과성을 위하여 리타던트를 사용
- 리타던트는 풍향과 고도에 유리하여 물보다 증발 및 분산이 적고 접착력이 강하여 진화 효과성이 높음
- 헬기 화선 이탈 후에도 산불은 약화 및 진화
- 리타던트는 직접, 평행, 간접진화 모두 사용할 수 있음(적중율 미흡해도 효과 있음)
- 화선의 직접진화는 NVG 비행시 과도한 불빛으로 인한 시각적 위협이 될 수 있으므로 이를 방지하기 위하여 평행진화를 하는 것을 권장함
  - NVG 운용 시간을 최소한으로 할 수 있어 조종사 부담감 저감
  - 조종사 피로감 감소로 위험요소 저감

화염높이에 따른 진화방법 (NWCG-IASG)

- 화염높이 최대 1.5m : 직접진화
- 화염높이 최대 3m : 간접진화(평행진화)
- 화염높이 최대 5m 이상 : 간접진화(방화선 구축)

다. 야간진화전술 모델

(1) 1단계 전술(평행진화)

- 지상진화대가 진화 중에 투입이 되므로 지상진화대와 합동으로 지상진화대를 지원
- 화두부에 화염이 강할 때 화측면에서 화선 앞쪽에 평행진화로 리타던트를 투하
- 물투하 지점은 산불이 시작하는 지점(Anchor Point)이나 산불의 말단(Heel), 산불의 측면(Flank)을 공격
- 1단계 전술은 헬기 1대로 야간진화를 하는 방법임

(2) 2단계 전술(방화선 구축)

- 지상진화대가 진화 중에 투입이 되므로 지상진화대와 합동으로 지상진화대를 지원

- 산불이 새로 시작하거나 화두부에 화염이 약해졌을 때 화두부에 평행진화 또는 방화선 구축
- 2단계 전술은 헬기 1대로는 어려운 전술이며 추후 야간진화헬기 증가하여 실시해야 될 것으로 사료됨
- 2단계 전술은 주간에 미리 실시하여 야간 확산의 최소화를 도모하여 야간진화에 도움이 되게 하므로 주간에 하는 것을 권장함
- 방화선 구축은 주간에 유용하게 사용할 수 있지만 야간진화에 응용하여 안전하고 효율적으로 사용할 수 있도록 경험을 통하여 연구가 더 필요함
- 우리나라의 산림지역에는 사찰 및 문화재, 국가·사회적 기반시설, 최근에는 팬션 등 거주지역이 개발되어 산불이 발생하면 인명 및 재산의 큰 손실이 우려되므로 이러한 곳에 방화선 구축 전술은 진화활동의 교두보를 확보하고 인명 및 재산을 보호하며 대형산불을 방어하는 전략임
- 방화선 구축 전략을 시행하기 위해서는 사전 소통 및 판단이 중요하며, 조종사 및 관리자는 간접진화(평행진화, 방화선 구축)전략을 이해하고 산불현장에서는 산림청, 진화대책본부, 산림항공본부장, 야간진화팀 등 관련 종사자의 공감대 형성이 필요함

라. 특정산불(Fire Specific)지정 야간진화

(1) 산림·도시 연접지(WUI) 산불

- 최근 14년간 야간산불은 921건으로 야간산불 발생율은 약 16%이다.
- 따라서 야간임무투입 기준에 의하여 제한적으로 지역을 선정하여 운용하는 전략이 필요함, 제한지역은 인명 및 재산피해가 우려되는 도시 인근, 문화재 보호지역 산불 등 산림·도시 연접지 산불(WUI)에만 특정 산불로 정하는 것을 의미함

[표 5-1] 우리나라 최근 14년간 주·야간 산불 현황

년도	주간	야간	합계
2023	497	99	596
2022	594	162	756
2021	286	63	349
2020	511	109	620
2019	559	94	653
2018	449	47	496

년도	주간	야간	합계
2017	625	67	692
2016	350	41	391
2015	553	70	626
2014	440	52	492
2013	262	34	296
2012	170	27	197
2011	253	24	277
2010	250	32	282
합계	**5,799**	**921**	**6,720**

(출처:산림청 국립산림과학원 산불방재과, 2024)

- 야간헬기진화 논쟁이 된 2005년 양양 산불 등, 2013년 포항산불, 2019년 속초, 고성 등 산림・도시 연접지 산불에 의한 피해는 다음과 같음

[표 5-2] 양양, 포항/울주, 속초/고성 산불 피해현황

구분	2005년 양양 산불	2013년 포항/울주 산불	2019년 속초/고성/강릉/동해 산불
산불기간	2005.04.04~04.05	2013.03.09~03.10	2019.04.04~04.05
피해액	276억 원	95억 원	130억원
피해면적	973ha	포항79ha, 울주280ha	2,487 ha
이재민	191세대 491명	포항116명, 울주54명	사망2, 부상11명 956세대, 4,634명

(출처:산림청 국립산림과학원 산불방재과, 2024)

- 양양, 포항/울주, 속초/고성 산불의 공통점은 산림・도시 연접지(WUI) 산불이며 인명, 건물, 산림 등의 피해가 큼
- 미국 캘리포니아에도 WUI 산불에 적극적으로 대응하고 있으며 WUI 산불은 산림에서 발생한 산불이 인구와 건물이 밀집한 지역으로 옮겨가는 화재로서 연료는 나무 등 식생에서 건물 또는 가로수로 변화됨
- 즉, 산불이 일반화재로 변화하는 과정이며 건물의 구조 내장재의 종류에 따라서 화재가 급변하게 확산되어 인명과 재산이 피해가 많게 됨으로서 이를 보호하는 최선의 방법은 건물이 불길에 닿기 전에 진화해야 함
- 진화화학제로 산림피해방지는 리타던트를 사용하고 건물피해방지는 젤(Gel)을 사용해야 효과적임

마. NVG(aided) 및 No-NVG(unaided) 운용

- 야간산불현장의 월광, 주변의 빛에 의한 조명도가 야간 헬기진화에 매우 중요하므로 야간 리스크를 감소하기 위하여 조명도에 따라서 다른 전략이 필요함.
- 기상 및 조명조건이 매우 좋아 시각적 산불진화가 가능하면 굳이 NVG를 사용하지 않을 수 있겠지만 NVG가 유리한 상황에서는 이를 사용함
- 과도한 불빛으로 인하여 NVG 비행에 위험이 있을 때 No-NVG 비행이 허용됨(USFS NWCG-IASG)
- 미국 및 호주 조종사들의 인터뷰에 따르면 조종사의 훈련 및 경험에 따른 능력에 따라서 NVG 사용과 No-NVG 를 병행함

(1) No-NVG로 시각비행진화

기상 및 조명이 NVG를 사용하지 않을 정도로 가능하면 No-NVG 비행으로 진화

(2) No-NVG 에서 NVG로 전환

- No-NVG 비행으로 비행하다가 시각 비행이 어려운 경우 판단하여 착륙장에서 NVG를 착용하여 NVG 비행으로 전환하여 진화
- 단, NVG 사용 가능 기상 및 조명 조건에 맞아야 함

(3) 초기부터 NVG 운용

- 기상조건과 야간월광과 조명조건이 시각비행에 어려우나 NVG 사용 가능 기상 및 조명 조건이 맞으면 초기부터 NVG를 착용하여 진화
- 산불현장의 조명도와 익숙도 그리고 장애물 파악은 야간진화의 핵심 요소로서 현장에서의 제반사항을 판단 후 조종사 결정 및 지휘관에 보고 후 수행

2. 야간산불시 지연제 사용

야간산불시 지연제 사용 효과 이유는 다음과 같다.

- 풍속에 물보다 영향이 적음
- 투하 고도가 높아도 물보다 덜 분산됨
- 평행진화 및 방화선 구축에 효과적임

→ 야간헬기(NVG) 운용 리스크 저감 및 진화 효과에 유리함

3. 단계별 야간진화전술 절차

야간헬기진화의 위험 리스크를 감소하고 진화의 효율성, 효과성을 증대하기 위하여 단계

별 야간진화전술을 제안함.

가. 전술방안

- 1단계 : 주간헬기 진화, 강한 화선 약화
- 2단계 : 야간헬기진화
- 3단계 : 진화대원 마무리

나. 전술 절차

(1) 일몰전 주간에 투입된 헬기 절차

(가) 일몰 30분 전부터 민가나 시설이 위협적일 경우만 직접진화를 하고 평행진화 및 방화선 구축으로 진화.

(나) 시각비행으로 화선 앞쪽(평행진화)과 보호시설 앞쪽(방화선 구축)에 리타던트를 투하하여 야간의 불길을 약화시켜 야간헬기와 지상진화대에 도움을 줌

(다) 시각적으로 가능한 일몰 작업을 하다가 일몰 20분까지는 이·착륙장으로 복귀(NVG 이·착륙장과 다른 이·착륙장)

(라) 야간 산불이 익일까지 계속될시 일출 30분 전에 시동을 걸고 일출 20분 전에 이륙하여 현장으로 가서 진화를 실시.

(2) 야간 NVG 헬기 절차

(가) 야간진화팀은 일몰 3시간 전에 도착하여 이·착륙장을 준비하고 기상파악, 현장 안전관리 등 임무준비와 브리핑 완료

(나) 조종사는 산불현장 지형숙지와 장애물 파악, 이·착륙장 및 항로 확인

(다) 일몰 1시간 전부터 현장적응을 위해 No-NVG 진화를 직접진화와 평행진화를 병행하여 실시

(라) 일몰 10분에 연료보급과 리타던트를 탑재(필요시)

(마) 야간적응 암조응 실시(20분 이상)

(바) 일몰 후 30분 후부터 종료 까지 야간광도 및 조명도에 따라서 NVG 평행 진화와 방화선 구축을 실시

(사) 확산 시 일몰 후 최대 1시간 30분까지 종료하고 그 이후는 지휘부 및 조종사 판단 및 결정에 따름

(아) 야간산불이 익일까지 계속될 경우 일출 2시간 전에 시동을 걸고 일출 20분전 까지 평행진화를 하고 주간 헬기가 도착하면 이·착륙장으로 철수

다. 통합야간헬기진화 절차도

[표 5-3] 통합 야간헬기진화 절차도

시간	상황	임무별 조치 및 행동								비고
		공중진화 반장	안전 관리자	야간 지원자	조종사	정비사	헬기장/급수장	진화대원	연료 보급원	
야간 진화 예상 5 시간 전	야간산불 상황접수 상황전파 야간진화팀 구성 야간산불상황 정보수집	팀원소집 및 임무확인	임무확인 및 준비	임무확인 및 준비	임무확인 및 준비	임무확인 및 준비	임무확인 및 준비	임무확인 및 준비	임무확인 및 준비	
	야간산불지역 이동	헬기이동	헬기이동	헬기이동	헬기이동	헬기이동	차량이동	차량이동	차량이동	
일몰 3 시간 전	산불현장 상황판단	임무카드 시행 총괄 항공 감독	임무카드 시행 브리핑 사항 확인점검	임무카드 시행 지속적 기상파악	임무카드 시행 착륙장확인 지형숙지 장애물파악	임무카드 시행 항공기 점검	임무카드 시행 헬기장/ 급수장 준비	임무카드 시행	임무카드 시행	
일몰 2 시간 전	팀 임무브리핑	조종사 Go-No Checklist 확인	〃	〃	Go-No Checklis 작성	〃	〃	산불현장 투입	〃	
	임무별 준비	총괄 감독	현장 안전 확인	기상파악 산불상황 파악	항공기 및 NVG 점검 휴식	항공기점검 급수장비 점검	헬기장 및 급수 준비 교통통제	〃	연료보급 교통통제	
일몰 1 시간 전	헬기 투입	〃	〃	기상확인	No-NVG 현장적응 직접진화 평행진화	〃	〃	〃	〃	〃
일몰 10분 전	헬기 착륙	〃	〃	기상확인	암조응	항공기 점검	헬기유도/ 급수 교통통제	산불투입 현장	연료보급 교통통제	
일몰 후 30분	헬기 이륙	교신감청	〃	〃	NVG/ No-NVG 이륙	〃	헬기유도	헬기유도 교신유지	〃	NVG / No-NVG 조종사 결정
일몰 후 30분~ 1시간 (30분)	헬기 이륙 및 착륙	비행추적 위험판단	안전평가	〃	평행진화 방화선 구축	〃	〃	〃	〃	

시간	상황	임무별 조치 및 행동								비고
		공중진화 반장	안전 관리자	야간 지원자	조종사	정비사	헬기장/급수장	진화대원	연료 보급원	
일몰 후 30분+1시간 (1+30)	헬기 이륙 및 착륙	비행추적 위험판단	〃	〃	평행진화 방화선 구축 위험시 임무수행 포기	〃	〃	〃	〃	
이륙후 1+30분 종료	헬기임무 종료	상황보고	〃	〃	임무종료 보고	〃	〃	산불현장 철수	〃	
현장 헬기 계류		감독	헬기경계 조치	NVG장비 점검 익일 기상파악	NVG 장비 점검	〃	헬기장/급수장 안조치	복귀	유조차 주차	
야간 임무 종료										

4. NVG 교육훈련 기준

- 야간진화팀은 평상시 주기적으로 조종사 야간비행 및 물투하 훈련과 팀원들의 합동훈련을 실시하여 야간진화의 안전성과 역량을 증대해야 함
- 조종사는 미국 규정 CFR Part 61 및 육군항공 야전교범 7-30 기초비행 제4장 야간비행 및 부록 4 NVG 훈련지침을 참고하여 교육훈련 실시

가. 조종사 야간 훈련

(1) 조종사 NVG 초기 및 반복과정

- 목표 : NVG를 활용하며 안전하고 효율적인 방식으로 운영하기 위해 NVG 초기 자격취득을 위해 지상훈련 및 비행훈련을 실시
- 완료요구사항 : 야간 헬리콥터 운용에 필요한 지식, 기술 및 경험 요구사항을 충족하는 필기 및 실기시험 등 적절한 기록을 통해 입증해야 함
- 기준 : 학생은 구두, 필기, 비행 평가를 통해 숙련도를 입증해야 함
  - 구두시험은 지상훈련에서 다루는 분야에 대한 실무지식을 평가
  - 필기시험은 최소 80% 점수를 받아야 합격
  - 비행평가는 NVG를 사용하여 평가 / 반복과정은 모든 기동능력을 평가

• 훈련기록 : 교육완료 후 훈련기록은 학생에게 제공하고 최소 3년 보관함
• 교육시간 : 야간비행개념(Night Flight Concepts)은 숙달을 위해 훈련하는 것이므로 최소 시간 이상으로 추가 비행훈련을 할 수 있음

[표 5-4] 조종사 야간훈련 시간(예)

구분	초기교육	반복교육
지상훈련	10.0 시간	4.0 시간
비행훈련	6.0 시간	2.5 시간

(2) 야간 물투하 훈련

• 야간 물투하 훈련은 점진적으로 단계별로 충분히 숙달하면서 적응 훈련하는 것이 안전성 증대에 도움이 됨
• 야간비행 및 물투하 훈련은 조명조건과 풍속, 시정 등 기상이 충족할 때 실시함
• 최소 60일에 1시간 1회의 야간 물투하 훈련으로 능력향상 하는 것을 권고함

[표 5-4] 조종사 야간훈련 시간(예)

단계	훈련 내용
1단계	일몰 30분 전부터 주간비행(이착륙 및 주외비행) ~ 일몰부터 일몰후 30분까지 No-NVG 야간비행(이착륙 및 주외비행) * 숙달 및 적응이 되었다고 평가 시 2단계 훈련 실시
2단계	일몰부터 ~ 일몰후 1시간까지 No-NVG 야간비행 · 하바링 10분 · 이·착륙 3회 · 주외비행 실시 * 숙달 및 적응이 되었다고 평가 시 3단계 훈련 실시
3단계	일몰부터 ~ 일몰후 1시간까지 NVG 비행 · 하바링 10분 · 이 · 착륙 3회 · 주외비행 실시 * 숙달 및 적응이 되었다고 평가 시 4단계 훈련 실시
4단계	일몰부터 ~ 일몰후 1시간까지 NVG 및 No NVG 혼합 비행 · 하바링 10분 · 이 · 착륙 3회 · 주외비행 실시 * 숙달 및 적응이 되었다고 평가 시 5단계 훈련 실시
5단계	일몰 30분후부터 No-NVG 및 NVG 계류장 물급수 및 투하훈련 * 숙달 및 적응이 되었다고 평가 시 6단계 훈련 실시

단계	훈련 내용
6단계	일몰 30분후부터 No-NVG 및 NVG 산림지역 물급수 및 투하훈련 * 숙달 및 적응이 되었다고 평가 시 7단계 훈련 실시
7단계	지상에 불을 붙여놓고 No-NVG 물투하(계류장) * 숙달 및 적응이 되었다고 평가 시 8단계 훈련 실시
8단계	지상에 불을 붙여놓고 NVG 물투하(계류장) * 숙달 및 적응이 되었다고 평가 시 9단계 훈련 실시
9단계	지상에 불을 붙여놓고 No-NVG 및 NVG 주외비행 후 접근 및 물투하 * 1단계~9단계 반복훈련 * 진행 중에 적응시 일부 단계를 생략할 수 있음

- 훈련 하면서 NVG 운용의 시험 및 효과 분석
  - 기록 유지하여 지속적 문제점 분석 및 발전방안 연구
  - 단계별 훈련 완성시 다음 단계로 훈련
- 야간진화팀원과 병행하여 훈련
  - 각자의 임무숙지 및 숙달로 팀웍 향상

CHAPTER

6

미래의 항공진화

CHAPTER

6 미래의 항공진화

6.1 미래의 항공진화 방향

우리나라 항공진화는 산림청에서 1981년도부터 헬기로 처음 공중진화를 시작하였고 에어탱크는 2012년에 경남도에서 시행하였다. 미국 등은 1919년부터 에어탱크로 공중진화를 처음으로 시도하였고 헬기는 1945년부터 시작하였다.

우리나라는 항공진화의 기종 선택은 미국과 반대로 하였으며 헬기 공중진화는 36년, 에어탱크는 93년 차이가 난다. 그러므로 미국의 공중진화 운영은 한국의 항공중진화 시작과 발전의 근거가 되고 우리나라는 굴곡이 많은 한국적 지형의 특성으로 인하여 에어탱크보다 헬기공중진화로 시작을 하였다.

헬기공중진화가 시작된 이래 43년에 접어들면서 그동안 항공진화기술이 괄목할 만큼 성장하였다. 지구온난화로 인한 세계적인 대형산불의 증가와 더불어 우리나라도 2000년에 8박 9일 간의 동해안 대형 산불과 2022년 9박 10일 간의 울진 대형산불을 경험하였다. 산불진화는 국가적인 정책으로 수립되고 특히, 헬기에 의한 공중진화율은 평균 80%이며 앞으로 더욱 증대할 것으로 보인다.

본 저서에서는 항공진화의 근거가 되는 미국의 항공진화체계를 학습하고 현재까지의 우리나라 헬기공중진화 실태를 살펴보았다. 끝으로 우리나라의 항공자원의 항공진화 대응을 한 단계 업그레이드 하기 위하여 미래의 항공진화방향을 제시한다.

6.1.1 에어탱크 도입

미국 등에서는 에어탱크를 공중진화의 주장비로 사용하지만 우리나라는 헬기로서만 산불을 진화한다. 그러나 2000년 동해안 산불이후 동년 5월부터 산림청은 공중진화의 효율성을 증대하기 위해 캐나다의 CL-415 및 러시아아의 Be-200 에어탱크 운영을 검토하였으며, 전국 28개의 강, 호수, 저수지를 대상으로 길이 2,000m 이상, 폭 100m 이상, 수심 3m 이상의 수상 이・착륙이 가능한 담수지를 공중정찰 및 사진촬영 분석을 하여 16개 이상을 파악하였다.

2001년에는 캐나다 '봄바디아' 사의 CL-415 1대가 한국에 들어와 한강에서 급수 및 살포 시범도 하였다. 그러나 산림청은 지형의 굴곡이 심하고 파악한 담수지의 안전성 검증이 안 되었으며 성능이 다른 기종의 혼합운용에 따른 공중통제관리 및 헬기와의 공조체제 그리고 별도의 에어탱크관리의 효율성 저하 등의 문제로 다수의 헬기를 분산 배치하여 운용하는 현재의 헬기운영이 바람직한 것으로 결론을 내어 에어탱크 운영은 중・장기적인 검토과제로 보류하였다.

이후 2011년에는 에어탱크 관련업계에서 최근에 미국에서 개조한 세계 최대의 물탑재 용량(76,000 L)의 보잉747 에버그린 슈퍼탱크를 산림청에 소개하고 청와대 국방비서관실에서도 미 공군에서 사용하는 C-130 MAFFS(11,340 L)운용 적합성 검토를 요구 하였으며 지자체 중 경기도 화성시가 AT-502(2,000 L)운영을 검토하는 등 에어탱크를 운영하는 의견이 많아지기 시작하였다. 2012년에 경남도에서 국내 최초로 캐나다에서 에어탱크 CL-215 1대를 춘기 04.01~05.15(45일간), 추기 11.18~'03.01.31(75일간) 20억원에 임차 도입하여 사천공항에 배치하였다.

도입 후 우리나라에서 최초로 에어탱크를 공중진화에 운용함으로서 산림청은 산불공중공간의 운용의 위험성을 우려하여 에어탱크와 헬기의 합동운용에 따른 안전대책합동회의를 산림항공본부, 경남도, CL-215 관계자와 3차에 걸쳐 시행하였다 회의결과 CL-215는 단독으로 임무수행을 하고 헬기가 투입시에는 에어탱크는 투입하지 않으며 담수지는 진양호, 밀양호, 낙동강, 합천호, 덕천강으로 하되 수자원공사에서 담수지로 정한 곳에서만 하고 계도비행, 정찰비행, 공중진화시 산림청 함양관리소에 무선교신을 반드시 하며 이를 위해 한국조종사가 탑승할 것이며 공중지휘통제는 산림청의 공중진화 매뉴얼에 따라서 산림청의 지시에 따르는 것이었다.

[그림 6-1] 항공본부와 경남도관계자 안전회의(저자 설명, 경남도청 회의실, 2012.1.9)

이후 4월 6일 밀양 삼랑진에서 낙동강 물을 담수하여 밀양산불을 진화한 것이 우리나라에서 에어탱크에 최초의 공중진화이며 앞으로 미국 및 캐나다와 같이 에어탱크와 헬기의 혼합진화 전술로 한국 지형에 맞는 공중진화 기법을 연구 및 개발하는 새로운 계기를 제공하였다.

[그림 6-2] B-747 수퍼탱크, Be-200 에어탱크

6.1.2 에어탱크운영 전략

1. 수륙양용 고정익항공기 운영 검토

- 검토방향 : 한국지형에서 산불진화시 고정익 항공기의 진화효율성 및 운용 가능성 검토
- 산불진화시 주요 고려사항
  - 물탑재량, 투하범위, 투하고도, 투하속도, 투하적중율
  - 강풍시 운항, 산악기동성, 신속성
  - 담수지역 및 이·착륙지역 확보 용이성
  - 연료보급 용이
  - 기술 축적
- 한국지형에서의 가능성
  - 가용한 수상 이·착륙장 검토
- 검토 고정익항공기 기종(초대형급)
  - CL-415(최대이륙중량 : 19,890kg)
  - BE-200(최대이륙중량 : 37,200kg)

[그림 6-3] B-200, CL415 물투하

2. 고정익 항공기 성능 비교

구분 \ 기종	BE-200	CL-415
제작국	러시아	캐나다
제작사	BETA AIR	CANADAIR
최초 비행일	1998.9.24	1993.12.6
승무원	조종사2	조종사2
엔진 유형	터보제트(D-436TP)	터보프롭(PW123AF)
엔진 마력	7500kg×2(추력)	2380HP×2
최대 이륙중량	37,200kg	19,890kg
최대 순항속도	610km/h	370km/h
최대 체공시간	6~7시간	6~7시간
유류적재량	12,000kg	4,650kg
최대 물탑재량	12,000kg	6,123kg
수상 이착륙거리	1,300m	1,340m
담수 거리	630m	410m
담수 속도	160-190km/h	130km/h
담수 시간	14sec	12sec
담수 수심	3m	2m
제한 파고	1.5m	1.2m
풍속 제한	30m/sec	28m/sec
투하 속도	220km/h	200km/h
투하 고도	50-70m	30-50m
물탱크	8개	4개
규격(길이,폭,높이)	32×31.7×8.9	19.8×28.6×9
용도	다목적 용도변경 가능	-
추정 구입가		

※ 항공기의 조종, 정비, 시스템등 세부운영 사항은 제작사 제안 설명이 필요함

(출처:제작사 제공자료)

3. 고정익항공기 진화효율성 / 운영가능성

- 고정익 항공기는 물탑재량 및 투하범위가 헬기보다 양호
- 투하 적중률은 헬기보다 미흡
- 강풍시 운항은 헬기보다 제한요소 적음
- 수상 이·착륙장이 필요함
- 단위시간당 물 투하 횟수는 담수를 위한 수상 이·착륙장의 원·근거리 위치에 따라 다름
- 고정익 항공기 연료보급은 비행장만 가능
- 기술 및 경험축적 시간소요

> 고정익 항공기는 산불현장의 전반적인 화두부분 진화와 간접진화(방화선설치)를 주 기능으로 하고 헬기는 국지적 직접진화를 주 기능으로 운영하여 상호보완, 협동진화시 효율성이 클 것임. 단, 수상이·착륙장이 사전 확보 되어야함.

4. 수상 이 · 착륙장 검토

- 검토대상 : 전국 28개 강·호수·저수지 확인
- 확인사항 : 가능한 수상 이·착륙장 확보
  - 길이 : 2,000m 이상 – 폭 : 100m 이상 – 수심 : 3m 이상
  - 어류양식장 등 수상장애물, 이착륙 경로상 고압선 등 공중장애물
- 확인방법
  - 1단계 : 공중정찰 및 사진촬영 분석
  - 2단계 : 현장 지상 실사
  - 3단계 : 도입 항공기 시험운용
- 수상 이·착륙장 설치시 기대효과
  - 전국의 북부, 남부(북부, 중부, 남부) 권역별로 2~3개 수상 이·착륙장 설치후 적절한 항공기 배치시 전국 15분 이내 산불현장 도착가능

5. 에어탱크 및 헬기 합동진화 모델(가상 시나리오)

가. 기본개념

- 개요 : 고정익과 헬기의 합동운영으로 장.단점 보완하여 효율적인 진화를 하기 위함.
  - 항공기에 의한 산불진화 전술(지상진화 전술과 개념은 동일)

– 직접진화 : 산불의 화두부에 직접 물을 투하하여 진화하는 방법.

※ 주로 헬기에서 사용

– 간접진화 : 산불이 진행하는 전방에 물을 투하하여 확산되는 산불을 저지 또는 약화시킴으로서 차후 직접진화 의 효율성 증대 시키는 방법.

※ 방화선 설치의 개념이며 주로 고정익 항공기에서 사용

– 혼합진화 : 직접진화와 간접진화를 혼용하여 진화하는 방법으로서 통상적인 사용.

※ 헬기만 운영될 경우에도 혼합진화 가능

나. 공중진화 항공기의 특징

항공기	성능	운용	효율성
에어탱크	· 속도빠름 · 투하고도 높음 · 물량이 많음 · 광범위지역 · 비정밀투하 · 지상활주 담수가능	· 초동진화 · 간접진화우선 (방화선 설치) · 직접진화 *지연제:Retardant	신속한 출동으로 산불의 저지·억제
회전익 (헬기)	· 상대적으로 속도 느림 · 투하고도 낮음 · 물량이적음 · 지역협소 · 정밀투하 · 하바링담수	· 직접진화 우선 · 간접진화 *소화제:Suppression	후속지원으로 산불완전 진화

다. 운영방법

• 산불 건조기에 기동배치(남→북으로 단계별 배치)

– 회전익 : 13개 기지 대기 및 권역별 전진 기동배치

– 고정익 : 11~1월 (낙동강, 영천호)

2~3월 (안동호, 충주호)

4~5월 (소양호, 북한강, 담양호)

※ 강 및 호수에 계류대기, 가능한 비행장 대기

• 산불상황 발생시 절차

– 산불상황접수(산림청) →산림항공본부

– 조종사 : 비행계획 제출 및 인가

– 정비사 : 항공기 검사 및 준비

– 산불현장 출동

라. 시나리오 (가상)

- 일반상황 : 산불발생
  - 시기 : 2024년 4월 7일 13:00
  - 장소 : 삼척·동해(두타산)일대
  - 풍속 : 최초 1일차 25m/sec(50kts)
2일차 10m/sec(20kts)
  - 가용자원 : 고정익 1대(충주호 또는 가능한 비행장 기동배치)
회전익 10대(동해, 강릉, 고성, 원주, 안동, 김포, 양산, 춘천, 익산, 영덕 배치)
- 시나리오 (요약)

산불상황	고정익	회전익
2024년 4월 7일 13:00 현재 · 초속 25m의 강풍으로 산불의 빠르게 확산중 현재 100ha 손실	산불상황 접수후 충주호에 대기중인 고정익 물담수 이륙 ; 13:20 13:35 현장도착 방화선설치(진화) 13:30 현장출발 13:55 충주호 도착/담수 14:00 충주호 이륙 14:15 현장도착 방화선설치(진화) 14:20 현장출발 14:35 충주호 도착/담수 14:40 충주호 이륙 14:55 현장도착 방화선설치(진화) 15:00 현장출발 15:15 충주호 도착/담수 15:20 충주호 이륙 15:35 현장도착 방화선설치(진화)	· 기동배치 된 헬기 삼척, 동해지역 집결 · 강풍으로 이륙불가 대기(10～15대)
15:40 현재 고정익에 의한 4회의 방화선 설치로 화두부가 약화되어 확산속도 저지 풍속 초속10m로 약화 16:30 덕유산 국립공원 산불발생 빠르게 확산	15:40 현장출발 16:15 현장도착 방화선설치(진화) 16:30 충주호 도착/담수 · 덕유산 산불진화 임무 현장이동 16:35 충주호 이륙	15:40 대기중인 헬기 진화실시 급수거리:왕복10분~30분

산불상황	고정익	회전익
17:00 삼척,동해 진화 완료	17:00 덕유산 도착 방화선설치(진화) 17:05 대청호 도착/담수 17:10 대청호 이륙 17:15 덕유산 도착 방화선설치(진화) 17:20 대청호 도착/담수 17:25 대청호 이륙	17:00 가용헬기 뒷불감시 및 현장대기, 가용 헬기 덕유산으로 이동
	17:30 덕유산 도착 방화선설치(진화) 17:55 현장도착 방화선설치(진화) 17:45 〃 18:00 〃 18:10 청주 비행장 대기	17:30 헬기 덕유산 도착 진화 실시
· 고정익에 의한 6회의 방화선 설치 및 조기 진화로 확산 저지 19:00 덕유산 진화완료		19:00 가용헬기 뒷불감시 및 현장대기

6.1.3 산림/도시 연접지 산불항공진화 매뉴얼 개발

최근에는 산불이 인구밀집 지역으로 확산됨으로서 '산림/도시 연접지 산불'(Wildland/Urban interface fire)과 '건물과 산불의 접경지역'(Structural wildland interzone)이라는 용어가 생겨났다. 산림/도시 연접지 산불은 산림식생에서 발생한 산불이 인구와 건물이 밀집한 지역으로 옮겨가는 화재로서 연료는 나무 또는 관목에서 건물 또는 가로수로 바뀐다.

즉 산불이 일반화재로 변화하는 과정이며 건물의 구조, 내장재의 종류 등에 따라서 화세는 급변하게 확산되어 인명과 재산의 피해가 많게 됨으로 이를 보호하는 최선의 방법은 건물에 불길이 닿기 전에 진화하는 것이다. 따라서 방화선 구축은 문화재 및 인구밀집지역 등을 사전에 방호 할 수 있도록 하는 진화기술이다.

방화선을 구축하지 못하였다면 직접진화를 하여야 한다. 보호해야 할 건물의 선별은 위협받지 않는 건물, 절망적 또는 너무 위험해서 보호할 수 없는 건물, 위협받을 가능성이 있고 구해낼 수 있는 건물로 구분하는데 액화석유가스탱크, 전선 등 연료의 근접성, 불의 동태와 세기, 불꽃이 튀는 정도, 지붕과 담, 벽 재료의 가연성, 시간과 소방차등의 가용성,

그리고 안전을 고려하여 선별하며 보호해야할 건물은 집중적으로 공중진화를 한다.

건물보호를 위한 3가지 산불진화방법은 [표 6-1]과 같으며 산불이 인구 밀집지역으로 확산될 시 주요산불을 직접 진화하며 동시에 인접지에는 방화선을 구축하는 공격적인 진화 또는 조합방법을 선택하여 공중진화 한다.

[표 6-1] 건물보호 진화방법

산불진화방법	상황	행동
방어적인 방법	주요산불을 제때에 진화하여 위협을 제거할 수 없다.	가능한 많은 건물을 구할 수 있도록 집중한다.
공격적인 방법	건물이 위협받기 전에 산불을 진화 할 수 없다.	주요 산불을 진화한다.
조합 방법	주요산불의 일부를 진화 할 수 있거나 또는 방어활동으로 진화선을 만들 수 있다.	주요산불을 진화한다. 건물이 위협받으면 건물을 보호한다. 건물 방어가 고정점을 주는 지점에서 경계선 진화를 확대한다.

(출처:산불현장대응론, 이시영, 2011)

산림/도시 연접지 산불은 우리나라의 경우 2013년 포항 산불이 대표적인 것으로서 웰빙의 시대적 흐름과 산림인접의 전원주택이 증대함으로서 산불 또는 주택화재시 그에 대한 항공진화전술의 정립이 필요하다.

현재 산불은 산림청, 주택화재는 소방본부가 담당함으로서 양부서가 겹치는 산림/도시 인접지 산불은 부처간의 관할 책임 충돌을 배제하고 관련기관의 유기적인 지휘 및 협업체제가 매우 중요함으로 상호의 능력을 극대화 할 수 있는 안전하고 합리적인 매뉴얼을 수립하여야 할 것이다.

[그림 6-4] 건물보호를 위한 방화선 구축

〈단계별 대응전략 개념〉

문화재 또는 민가가 산불진행 및 풍향과 같은 방향에 위치하고 산불확산속도가 급속히 진행할 때에는 단계별로 대응전략을 구상한다. 먼저 우리나라 실정에 적합한 방화선 구축 최초 위치선정의 근거 기준은 2000년 동해안산불 최대비산화거리가 1.5km이고 2002년 청양산불 최대비산화거리가 2km이므로 먼 거리를 기준으로 채택하여 2km로 하였다.

따라서 최초주요보호시설로부터 2km 전방에서부터 산불대응을 실시한다. 즉 주요보호시설을 중심으로 1~2 km를 주의지역, 0.5~1 km를 경고지역, 500m 이내를 위험지역, 그 외 지역을 관심지역으로 설정하였다.

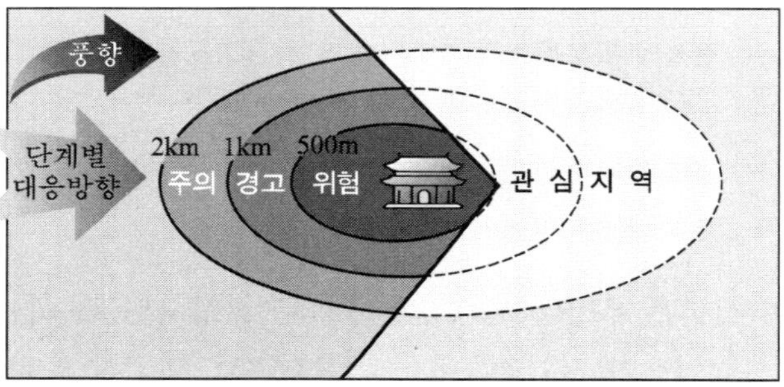

[그림 6-5] 단계별 대응전략 개념도

단계별로 대응전략으로서 초기에는 직접진화에 진력을 다하고 산불의 접근 상황에 따라서 시설물 보호를 위한 간접진화방화선 구축 결정을 위한 검토 및 판단을 하여야 한다.

이때는 화두전방에 방화선을 구축할 것인가, 보호시설 주변에 방화선을 구축할 것인가, 비산화 예측거리에 방화선을 구축할 것인가 하는 구축위치, 구축규모(길이,폭) 및 구축시기 결정을 현장대책본부, 시설관계자, 지자체 등과 협의하여 방화선의 구축방법 유무를 결정한다. 단계별 대응 절차는 다음과 같이 한다.

[표 6-2] 단계별 대응전략 / 헬기 투입율

단계별	1단계 (주의지역)	2단계 (경고지역)	3단계 (위험지역/고위험지역)		비고
대응 계획	· 직접진화 (100%) – 방화선구축 준비	· 직접진화 (90%) · 간접진화 (10%) – 방화선 구축	· 직접진화 (50%) · 간접진화 (50%) – 방화선 구축	· 직접진화 (100%)	(%): 헬기투입율

① **1단계** : 산불이 '주의지역'에서 발생시(보호시설에서 1~2 Km 이격 지역)

풍향, 지형에 따라 산불의 이동경로가 보호시설 방향으로 향하고 풍속이 강하여 시설의 위협이 예상될시 문화재이동 계획을 검토하며 지자체 진화대와 소방본부는 간접진화(방화선구축)를 준비한다. 공중진화반은 직접진화에 100% 헬기를 투입하고 보호시설 주변에 방화선 구축(지연제 투하)결정을 지상 지휘본부와 최종 협조한다.

② **2단계** : 산불이 '경고지역'에서 발생시(보호시설에서 0.5~1 Km 이격지역)

산불이 보호시설 방향으로 지속적으로 향하고 풍속이 강하여 시설에 위협이 예상될시 문화재이동 준비를 하고 지자체 진화대와 소방본부는 방화선구축 준비를 강화한다. 공중진화반은 직접진화에 헬기를 90% 투입하고 방화선 구축에 10%를 투입한다.

③ **3단계** : 산불이 '위험지역'에서 발생시(보호시설에서 500 m 이내)

산불이 보호시설 방향으로 지속적으로 향하여 시설에 직접위협이 예상시 문화재를 이동하고 지자체 진화대와 소방본부는 방화선구축을 하고 공중진화반은 직접진화에 헬기를 50% 투입하고 간접진화에 50%를 투입하여 방화선을 구축한다.

3단계에서 산불이 급격히 확산되어 위험도가 상당히 높을시 진화에 참가하는 모든 진화대, 소방본부, 공중진화반 등 통합진화자원이 전 역량을 집중하여 보호시설 소실을 최소화하기 위하여 직접진화를 한다.

〈항공방화선 구축 절차 모델〉

단계별 대응계획에 의한 방화선 구축의 실제적 적용 방법에 따라서 헬기에 의한 방화선 구축을 하기 위해서는

① 항공방화선 구축을 하기 위한 보호지역을 선정한다.

② 항공방화선 구축지역은 산불확산속도 상황에 따라하며 방화선 길이, 폭, 위치를 결정하여 도상에 직선으로 표시한다.

도상에 표시한 화두전방 또는 보호할 시설, 민가 지역 전방에 투하하며 화두지역은 더 넓게 한다. 방화선 폭 결정은 [표 4-18]과 같다.

[표 6-3] 방화선 폭 결정요소

구분	우세불길(1.5배)		강한불길(2배)		
	5m	10m	5m	10m	15m
방화선 폭	7m	15m	10m	20m	30m

③ 방화선 구축 위치결정은 지형, 연료, 풍속, 대기열 등에 의한 산불확산속도 및 비산화 거리를 예측하여 결정한다. 위치결정은 3가지 방법이 가능하다. 즉 첫째, 화두전방에 투하하며 화두지역은 더 넓게 한다. 둘째, 보호시설, 밀집가옥 전방에 투하한다. 셋째, 비산화 예측거리 지역 (최대 2km)에 투하 한다.

④ 지형, 기상, 연료에 따라 지연제 투하 횟수를 증감 조절한다. 예를 들면 S-64E 헬기 물투하 유효면적은 15×160m 이다. 이를 기준으로 방화선의 길이, 폭, 위치에 따라 조절한다. 지연제 투하 횟수에 따라서 투입헬기 대수를 판단한다.

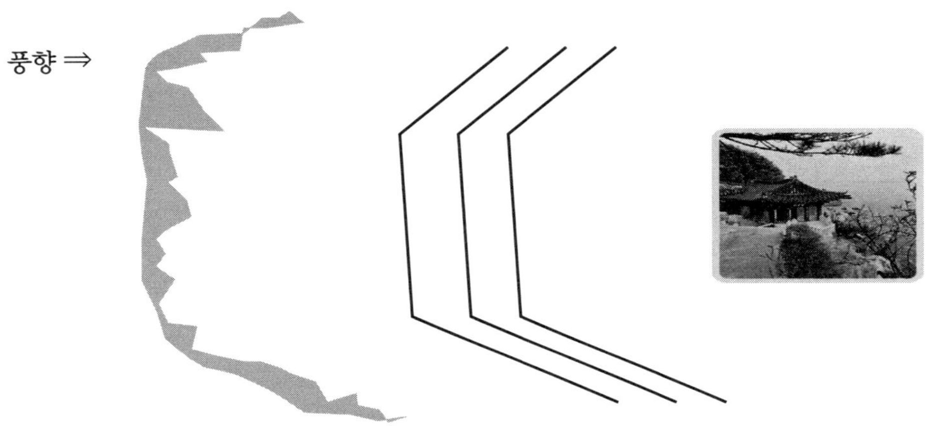

[그림 6-6] 공중방화선 구축 개념도

적용 예)

a. 산불현장 상황

- 지역: 사찰 문화재 · 기상: 풍속 15m/sec, 화두높이 10m

b. 문화재 보호를 위하여 방화선 구축 결정

① 보호지역 선정 : 사찰문화재

② 방화선 도상 표시(직선)

- 방화선 총길이 : 1,100m · 방화선 폭 : 화두높이×2 = 20m

③ 방화선 구축 위치결정 : 화두전방 설치

④ 지연제 투하횟수 결정

- S-64E 물살포 면적(15m×160m) 이므로 지연제 7회 투하로 1차 방화선 구축 (1,100m÷160m≒7회)

화두높이가 10m일 때는 방화선 폭이 20m이므로 1회의 지연제 살포를 하고 필요시 2차 방화선 구축은 1차 방화선과 평행하게 같은 방법으로 한다.

결론적으로 간접진화의 키포인트(Key point)는 신속성, 대량성, 정확성이다. 즉 산불현장에 신속하게 이동하여 많은 량의 지연제를 정확히 살포하여 방화선을 구축하여 산불연소지역을 최소화 하는 것이다.

미국 등에서는 직접진화와 간접진화를 혼용한 혼합진화를 하고 있으며 대형산불시 간접진화를 적극적으로 많이 사용하고 있다. 에어탱크로 지연제를 살포 방화선을 구축하여 확산속도를 지연시킨 후 헬기로 직접진화를 하여 진화의 효율성을 극대화 한다.

우리나라에서는 아직 에어탱크를 운용하지 않으나 헬기로서 방화선을 구축 할 필요가 있으며 2006년에 강릉관리소에 지연제 혼합시설을 설치하였음으로 현재의 S-64E 및 Ka-32T헬기를 운용하여 필요시 방화선 구축을 하여야할 것이다.

6.1.4 야간항공진화 및 에어탱크운용 매뉴얼 개발

헬기야간산불진화 기술은 년차별로 단계별 계획을 수립하여 미국 등 선진국의 야간공중진화정책 및 운영에 관련한 자료를 수집하고 야간투시경 등 야간장비확보 및 헬기개조, 조종사의 야간비행훈련 및 산불진화훈련, 야간진화의 규정신설, 매뉴얼 개발, 시험야간진화를 거쳐 최종적으로 문제점을 개선하여 야간공중진화 기술개발을 완성함으로서 안전성이 확보된 시점에 야간진화에 투입해야 할 것이다. 아울러 추진 중에 지자체의 임차항공기와도 연계하여 산림청에서 통합적인 야간공중진화의 안전성과 효율성 확보를 위한 정책을 수립해야 할 것이다.

[그림 6-7] 미국 야간 헬기진화

(출처:A Los Angeles County fire helicopter does a drop over a hotspot in Rancho Palos Verdes, Mark J. Terrill, Aug. 28, 2009)

점차로 전국동시다발 및 대형화 산불을 진화하기 위한 대책으로 에어탱크의 운용은 이제 우리나라의 항공진화 현실이 되었다. 2012년 경남도가 선제적으로 에어탱크 운용을 하는 등 지자체에서 에어탱크 운용의 요구가 있으므로 국가적 차원에서 에어탱크를 관리하는 시점이 되었다. 에어탱크를 운용하면 고정익과 회전익의 구조적인 성능과 비행특성의 다른 점으로 인하여 혼합 운용시 공중관리의 위협이 증대하므로 그에 따른 안전관리와 공조체제 협조가 중요하다. 에어탱크를 최초로 운용한 경남도와 공중관리 안전성에 대하여 합동회의를 하였으나 단편적인 것에 불과하고 미국에서와 같이 공역관리 및 지휘통제·통신에 관한 매뉴얼을 운영해야 한다. 따라서 산림청은 미국의 규정을 벤치마킹하여 한국지형의 운영에 적합한 헬기와 에어탱크의 합동 공중진화 전술 매뉴얼을 개발하여 미래의 업그레이드 된 공중진화의 안전성과 효과성을 확립해야 할 것이다.

6.1.5 항공진화공역 설정

에어탱크와 헬기가 산불을 공중진화 하는 공역은 불길과 연기 속에서 많은 항공기가 운용되므로 매우 복잡하여 안전성의 위협이 상존한다. 따라서 진화공역을 설정하고 공중진화에 참가하는 항공기는 물론 진화를 하지 않고 인근항로를 운항하는 항공기에게 공역정보를 제공할 필요가 있다. 그러나 현재 우리나라는 공역 설정을 하지 않고 있는 실정이다.

미국의 경우 제4장에서 설명한 거와 같이 임시 비행제한공역(TFR)으로 공중진화공역(FTA)를 설정하여 연방정부 공중공간 웹사이트에 NOTAM으로 발효하며 매일 30분마다 업데이트한다.

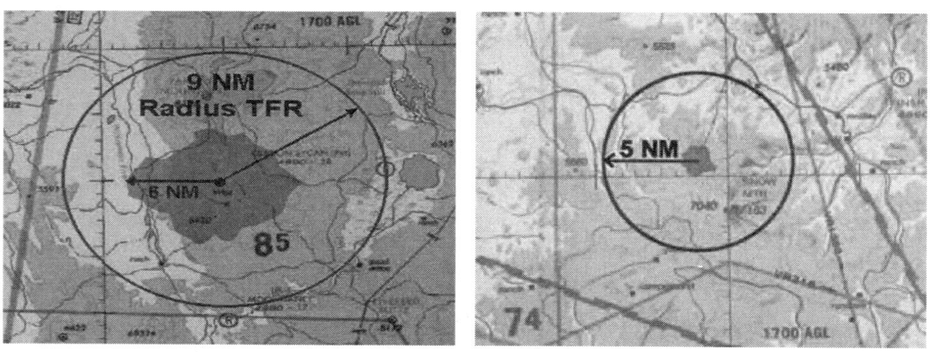

[그림 6-8] 공중진화 공역(미국)
(출처:Interagency Airspace Coordination Guide, 2003)

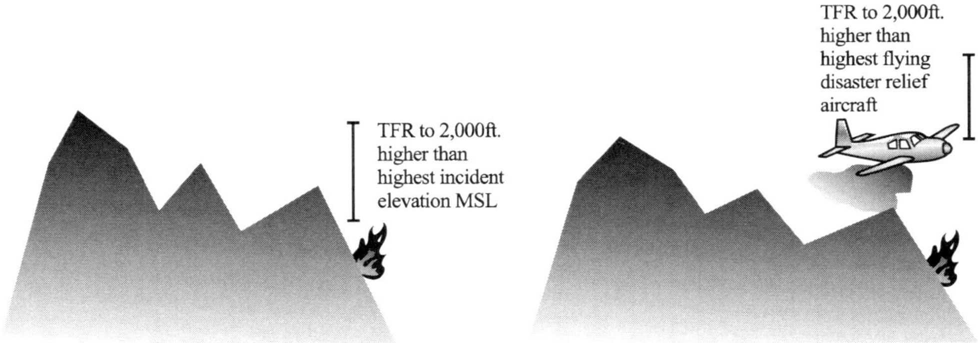

[그림 6-9] 공중진화 공역고도(미국)
(출처:그림 6-8과 동일)

조종사는 출발 전에 FTA를 사전에 확인하여 출발하며 인가된 채널에 맞추어 인가를 받아서 진입할 수 있으며 공중진화를 하지 않는 항공기도 FTA 밖이라도 반드시 교신을 하여 불필요한 진입을 방지하여 안전을 보장하도록 한다.

산불이 발생하면 산림청은 국토교통부와 공역 설정 관련 협약을 맺어 핫라인 채널을 구성하여 산불발생시 즉시 산불발생지역 중심에서 반경 5마일을 FTA로 설정하여 전국의 항공관련 기관 및 회사에 NOTAM으로 전파를 하여야 한다. 또한 FTA를 진출입하는 인가 및 고도 등의 절차를 규정화 하여 공중충돌방지와 효율적인 항공기 운용 하여야 할 것이다.

산림항공본부는 2022년 울진산불이후 캘리포니아 소방항공 방문 후 2023년 공중진화공역 설정을 하였다.

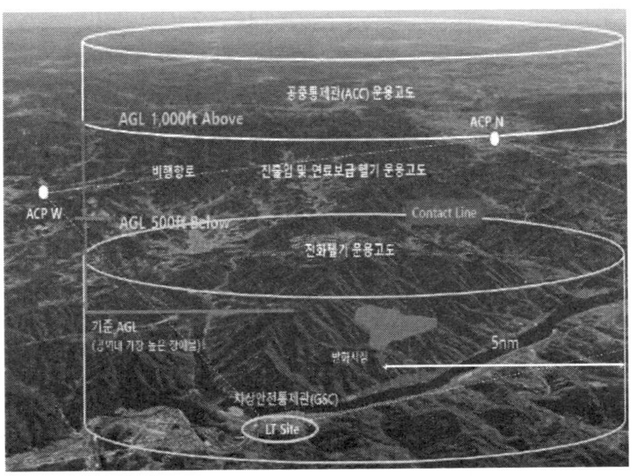

[그림 6-10] 산림청 공중진화 공역
(출처:산림항공본부 대형산불 공중진화 핸드북)

6.1.6 항공진화 평가

산불발생 후 진화평가는 차후의 진화능력 향상의 자료로 사용할 수 있는 자료이다. 동해안 산불발생 후 2001년 2월에 강원도에서 '동해안 산불백서'를 발간(강원도지사 김진선)하고 이어서 3월에 산림청에서 같은 제목의 '동해안 산불백서'를 발간(산림청장 신순우)한 것이 산불진화 평가보고서 라고 할 수 있다. 강원도 백서는 산불방지 종합대책 추진과 산불피해현황과 복구, 구호, 조사, 배상, 시간대별 조치사항, 교훈과 과제로 서술되었으며 산림청 백서는 진화체계, 복구, 구호, 조사, 배상, 시간대별 조치사항, 대응과정의 평가 및 발전방안 으로 서술되어 유사하였다. 그리고 산림청은 2011년 11월 1일 강원도 화천군 동천리 사유림 산불진화 대응과정의 문제점 및 개선방안 평가를 하였고 2012년 4월 19일 홍천군 화촌면 내삼포리 산불대응력 평가를 하였다. 그러나 상기의 평가 보고서는 공통적으로 헬기대응에 대한 사항은 시간대별 헬기 투입 현황 만 되어있으며 헬기가 공중진화를 하는 공중지휘 및 전술, 항공진화 기술 등의 평가는 제외되고 있다. 이유는 평가를 하는 인원이 항공진화전문가가 배제되고 일반 지상진화의 전문가만 평가요원으로 편성되었기 때문이다. 최초의 항공진화평가는 배택훈의 논문(2014년) 공중진화효과 및 안전성 인식 설문조사라고 할 수 있다. 2022년 울진산불 이후 남부지방산림청에서 '소광리를 지켜라 울진산불 10일간의 기록'(동부지방산림청장 남송희, 2022. 5)에서 사례를 배우는 현장지휘본부 실무운영요령을 목적으로 발간이 되었다. 산림청에서는 '2023년 봄철 전국동시다발산불백서'(산림청장 남성현, 2024. 4)를 발행했다. 백서 내용에는 2023년 4월 당진, 홍성, 당진, 대전서구, 보령, 부여, 옥천, 함평, 순천, 영주, 강릉 등 11개 지역에서 동시다발적으로 발생에 대한 진화활동과 피해내역 복구 지원 사항을 기록하고, 이를 바탕으로 산불재난 예방과 피해을 줄이기 위한 개선방안을 정리하였다. 여기에도 산림헬기, 소방헬기, 임차헬기, 군헬기 등 산불진화헬기 투입현황 만 기록되어 있다.

미국에서는 통합적인 지상진화 및 공중진화의 전문가에 의하여 산불현장의 공중진화 프로그램 평가를 하고 있다. 평가는 산불현장에 참가한 사람들로부터 인터뷰를 통하여 산불발생시 초기공격의 효과적인 운용성, 산불지역 및 비산화 지역에 물살포의 정확성, 지상과 합동 진화의 효율성 등을 조사하여 평가를 한다. 인터뷰 내용은 항공진화의 정확성 및 살포효과, 지상자원과의 협조, 급수지 왕복거리, 산불진화(비산화, 초기공격, 대형산불)중 가장 효과적인 항공기, 초동진화와 대형산불진화시 항공진화의 효과성, 산불진화시 증가해야 할 항공기, 산림청이 보유할 항공기 종류 등이다.

우리나라의 항공진화의 안전성과 효과성 등에 관한 문제점도 개선이 시급한 실정이다.

공중진화반과 지휘통제기의 운영역량을 강화하고 항공진화 전술, 기술, 지원, 모범적인 진화 사례 등이 포함된 공중진화평가 프로그램의 개발이 필요하다.

6.1.7 중 · 장기 항공자원운영계획 수립

공중진화를 국제적으로 선도하는 미국 산림청의 중·장기적인 항공자원운용계획은 미래의 산불공중진화의 안전성, 경제성, 효율성 및 효과성 확보를 위한 정밀하고 전략적인 계획이다.

미국 산림청의 정책수립은 우리나라 공중진화 미래 발전을 위한 중·장기적 항공기 기종 선정과 예산의 편성 등 공중진화 정책의 개발 및 운영에 참고해야 할 것이 많다.

아울러 북미, 유럽, 태평양 지역의 국가는 다국적 협력을 강화하기 위하여 국제 공중진화 컨퍼런스에 적극 참여하여 정보를 공유하기 위한 네트워크를 형성한다. 우리나라도 미국과 유럽 태형양 지역의 국가와 국제적인 '파트너 쉽'이 필요할 것으로 사료된다.

Appendix

부록

Aappendix

부록

부록 1 강풍시 운항제한 조건

풍속등급표(기상청)(0~12등급)

등급	분류	풍속		파고 (m)	육상상태	해면상태
		m/sec	KTS			
5	흔들바람 (Fresh breeze)	8.0~10	17~21	2~2.5	나무가지가 흔들리며 호수에 잔물결임	거의 모든 해면에 흰파도가 덮임
6	된바람 (strong brreze)	10.8~13.8	22~27	3~4	큰 나무가지가 흔들리며 우산받기가 곤란함	큰 파도가 일기 시작하고 흰파도가 모든 해면을 덮음
7	샌바람 (Near gale)	13.9~17.1	28~33	4~5	나무 전체가 흔들리며 바람을 안고걷기가 불편함	파도가 부서져서 생긴 흰거품이 바람에 날림
8	큰바람 (Gale)	17.2~20.7	34~40	5~6	작은 나뭇가지가 꺾이고 보행불가	높은 파도가 일어남
9	큰샌바람 (strong gale)	20.8~24.4	41~47	7~8	굴뚝이 넘어지고 기와가 벗겨짐	파도가 더욱 높고 물거품이 짙어짐
10	노대바람 (storm)	24.5~28.4	48~55	9~10	나무가 뽑히고 상당한 건물의 손해가 발생함	
11	왕바람 (Violent stom)	28.5~32.6	56~63	11m 이상	넓은 지역에 걸쳐 피해가 발생한다	
12	싹쓸바람 (Hurricane)	32.7 이상	64 이상			

주의보 및 경보

• 기상청 분류

구분	풍속	비고
공항주의보	25~35KTS	풍속 6~8 등급
폭풍/태풍주의보	28~40KTS	풍속 7~8 등급
공항경보 폭풍/태풍경보	41~52KTS	풍속 9~10 등급

* 기상청 강풍일수 통계기준 : 풍속 25KTS(13m/sec) 이상

• 기상학적 분류

구분	풍속	비고
강풍	34~47KTS	풍속 8~9 등급
폭풍	48~63KTS	풍속 10~11등급
태풍	64KTS 이상	풍속 12 등급

• 미 연방항공국(FAA)분류
 – 강풍 : 35KTS 이상

강풍의 개념

• 기상청의 공항주의보를 발효하는 평균풍속 : 30KTS
• 기상청의 강풍일수 통계기준 풍속 : 25KTS
• 기상학상 분류하는 강풍 풍속 : 34~47KTS

⬇

강풍은 평균 풍속 30KTS(15m/sec)의 바람임
(나무 전체가 흔들리며 바람을 안고 견디기가 불편함)
* 산악지역에서는 평지보다 10KTS(5m/sec) 이상 증가됨

항공기 운항제한

- 운항제한 적용근거
  - 항공기 기종별 비행 매뉴얼에 명시
    - 항공기 감항성에 의한 횡풍속도 운용한계 지정(제작사)
  - 비행안전성 확보를 위한 항공기 운영기관에서 내규로 명시 권고(국토부 항공국)
- 운항제한 적용
  - 항공기 기종별 풍속제한 (비행매뉴얼)
    - 회전익

구분	소형	중형	대형
이착륙, 제자리 비행시 (측·배풍)	AS-365N_2:17KTS (9m/sec) AW-109:20KTS BK-117:17KTS B-412:35KTS UH-1H(군):30KTS	KA-32T:40KTS (20m/sec) MI-172:20KTS UH-60(군):25KTS	MI-26T:20KTS (10m/sec) S-64:조종사 판단 CH-47(군):45KTS

    - 고정익

구분	기종
이착륙 비행시 (측·배풍)	B-777 : 38(10)KTS MD-11 : 35(10)KTS A-330 : 32(10)KTS B-747/400 : 30(10)KTS MD-80 : 〃 F-100 : 〃 C-130 : 15KTS P-3C : 15KTS S-2 : 〃 M20R : 11KTS B-200(러시아) : 30KTS CL-415(캐나다) : 20KTS

강풍시 운영사례

동해안산불(2000.4.10.~4.15)

일자	풍속	KA-32T	MI-26T (밤비바켓)	군(밤비바켓)	
				CH-47	UH-60
4/10	초속 25m/sec	08:30~11:30 산불진화 11:30~16:30 운항중지 16:30~19:00 산불진화 (효과미흡)	미참가	운항중지	
4/10~12	초속 15~20m/sec	06:00~19:00 산불진화 (효과미흡)	13:00부터 03+50진화(효과미흡)	산불진화 (효과미흡)	
4/13	초속 10m/sec	06:00~19:00 산불진화 (울진지역진화)	04+30진화	산불진화	
4/14~15	초속 10m/sec	산불진화	미참가	산불진화	

- 강풍 20m/sec 이상에서 헬기 공중 물 투하 시 강풍에 의해 공중에서 물이 모두 분산됨으로서 실질적인 진화효과는 5% 이하로 관측됨.
- 울진산불(2024.3.4.~13)에서는 3월 4일 풍속은 평균 14m/sec, 최대 20m/sec, 3월 5일 풍속은 8~13 m/sec이었으며 3월 6일부터 3월 13일까지 풍속은 3~6m/sec에 불과하였다. 그런데 산불이 지연된 이유는 연기방향이 남서, 북서, 남동, 북동으로 수시로 변화하여 연기가 현장에 정체됨으로서 시정이 저하되어 헬기진화효과가 미흡한 이례적인 경우였음.

부록 2 풍속이 약해 연기가 정체시 진화 방법(예시)

1. 목적

바람이 없고 정체된 산불연기 상황에서의 공중지휘통제 방법을 공유하여 유사 상황에서 성공적인 공중지휘통제를 하고자 함.

* 바람이 불 때는 시계가 양호하나 바람이 정체되어 안개처럼 산불 현장에 퍼졌을 때는 시계가 불량하여 항공기간 상호 충돌위협이 상존하는 조건에서 창의적이고 성공적인 공중 지휘통제 방법을 시행.

2. 추진경과

- 발생일시 : 2015. 3. 23. 13:11 ~ 3. 24. 16:40(27시간)
- 발생장소 : 홍천군 화촌면 군업리 산269(N37 44 41 E128 0 28)
- 피해상황 : 활엽수림 3ha 소실(사유림)
- 공중지휘통제 추진과정(2015.3.24. 산불진화)
  - 창의적 공중지휘통제방법

    * 시정이 양호할 때는 구두로 지휘통제하나 시정이 불량하여 지휘 통제기가 3개의 안전한 진입항로를 순차적으로 확보후 편대를 유도하여 진화 및 이탈하는 방법임

3. 공중진화 상황도

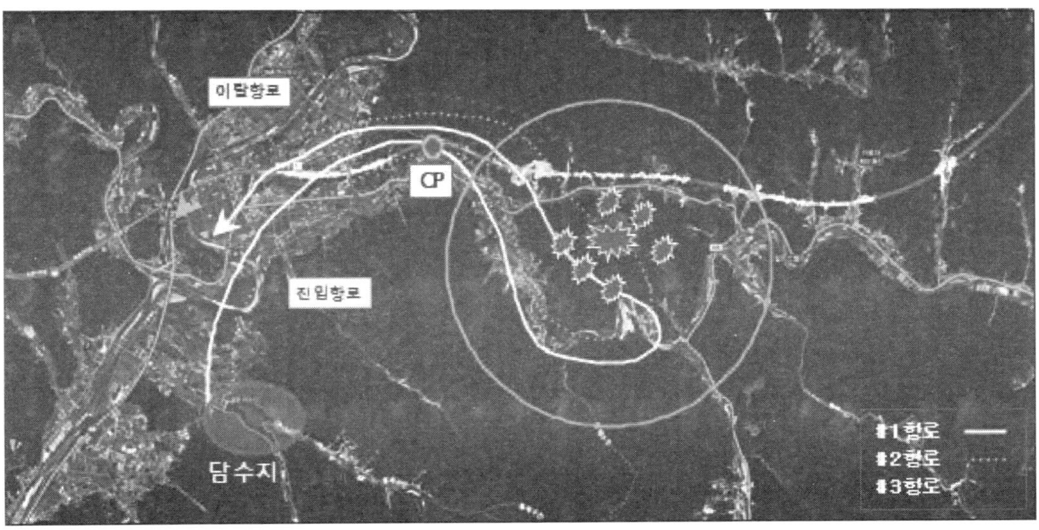

4. 공중지휘통제기 대응사항

일시	산불상황	공중지휘통제기 조치
2015.3.24 06:40	· 현장상황은 바람이 불지 않고 산불연기가 계곡과산에 정체되어 시야 불량으로 항공기 진입시 위험 상황 우려	· 지휘통제기(616) 홍천비 행장 이륙 · 지휘통제기 조종사, 항공 기 구두지회 통제가 어려 운 것으로 판단
06:50~07:00	· 산불은 완만하게 확산되고 현장 시야는 전체적으로 불량하나 5부 이하저고도에서 부분적으로 시야 확보	· 서쪽산불현장 진입하여 안전항로 5부 이하 확보 및항공기 유도 결정 · 홍천임차헬기 지상대기 통제 · 편대구성: 1편대(625,632,628) 2편대(621,617,629) · 지휘기와 편대 합류지점 CP(삼거리) 지정
07:00~07:20	· 산불은 소강상태이며 전체적으로 시야는 불량	· 항공기 편대별 순차적으로 홍천 비행장 이륙 · 1,2 편대별 담수지 진입
07:30	· 산불은 소강상태이며 전체적으로 시야는 불량	· 순차적으로 1편대, 2편대를CP에서 합류 및 유도하여 5부 이하 시계 확보한 **#1번 항로**로 서쪽 산불지역진입
08:30	· 서쪽산불 5부 이하 부분 적으로 진화 · 진화율 40%	· 순차적으로 1편대, 2편대를CP에서 합류 및 유도하여 5부 이하 시계 확보한 **#1번 항로**로 서쪽 산불지역진입
08:50	· 서쪽산불 9부 일부 및 동쪽 일부 시야 확보되어 진화 · 진화율 50%	· 진화율이 증가함에 따라 시계가 추가로 확보되어 **#2번 항로** 선정 및 유도하여 진입 가능한 동쪽 일부산불지역 진입
09:30	· 서쪽산불 진화완료 및 동쪽지역 일부 시야 확보되어 진화 · 진화율 80%	· 시계 가능한 **#3번 항로** 선정 및 유도하여 동쪽 산불지역 진입
09:50	· 동쪽 산불 진화 · 진화율 90%	· 계속적으로 시계 가능한 **#3번 항로**로 동쪽 산불지역 진입
10:00	· 잔불진화	· 계속적으로 시계 가능한 **#3번 항로**로 동쪽 산불지역 진입
10:22	· 진화완료	· 최종 진화완료 보고

5. 성공요인 및 성과

- 연기 정체로 인한 시야 불량시 창의적 공중지휘통제 역량 발휘
  - 공중지휘통제기의 신속 정확한 상황판단
    * 바람이 없고 연기의 정체로 인한 시야 불량시 구두통제는 어려울 것으로 판단
  - 진입 및 이탈항로를 확보하여 산불지역으로 편대별 유도비행 결정
    * 지휘통제기와 편대별 합류지점(CP) 지정
    * 산림헬기의 기동에 안전장애가 되는 홍천임차헬기는 지상대기
  - 현장상황에 따른 창의적 공중지휘통제방법 모델 개발
    * 공중지휘통제기의 'Lead helicopter 운용'으로 'follow me' 개념 적용

- 공중지휘통제기의 안전하고 효과적인 지휘통제
  - 편대편성(2개 편대)을 하여 합류지점(CP)에서 편대와 합류하여 지휘기의 유도비행으로산불지역 지시 및 이탈 통제
  - 산불의 진압과 병행하여 연기소멸 및 시야가 확보되는 상황에 따라서 3개의 진입 및 이탈 항로로 탄력적으로 변경하면서 지휘통제
    * 항공기 안전 및 진화의 효과성을 고려

6. 관련 사진

〈시간대별 산불현장〉

(06:40 산불지역)

(07:00 산불지역)

(07:30 산불지역/#1항로 사용)

(08:50 산불지역/#2항로 사용)

(09:30 산불지역/#3항로 사용)

(10:00 산불지역 잔불진화)

부록 3 물탱크 시스템 및 물투하 분포도

공중투하 패턴

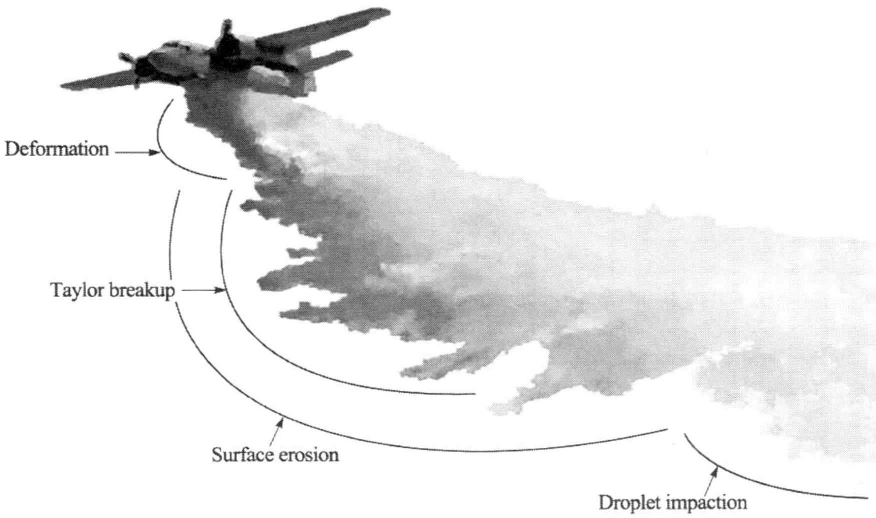

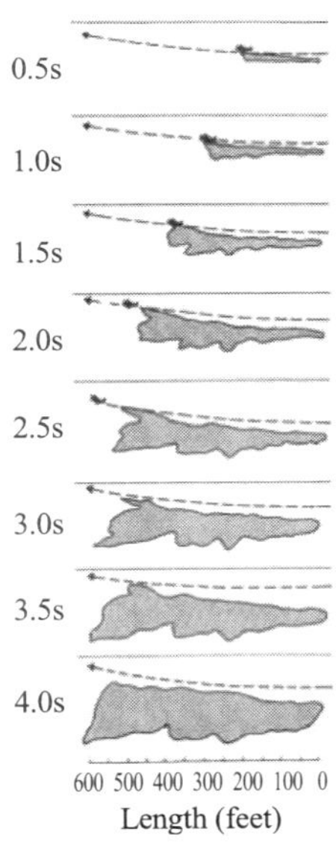

물탱크 열림 시스템

- 탱크의 열림순서

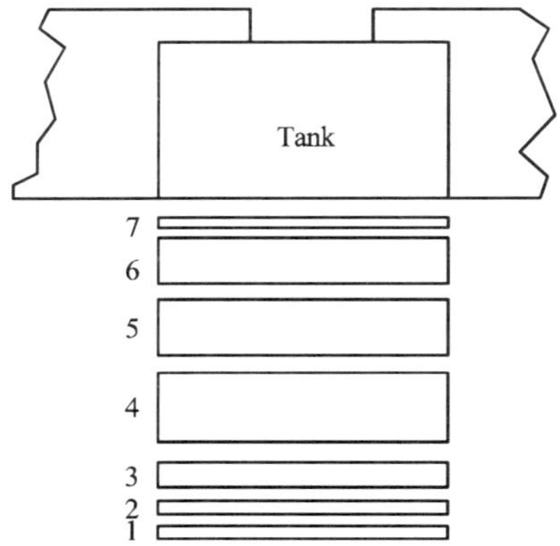

- 투하 흐름도(비행방향)

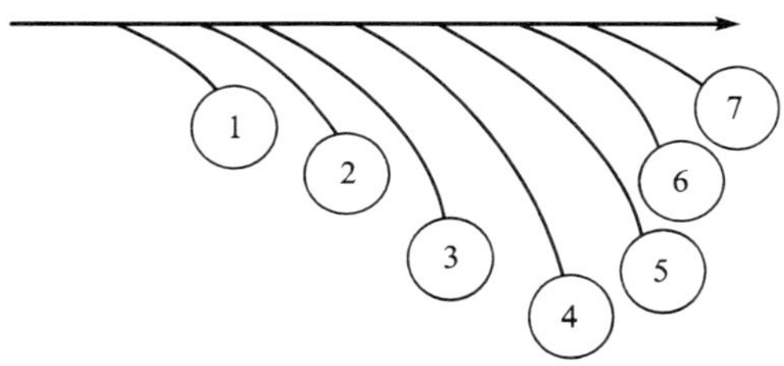

- 물 투하량

물투하 지상분포도 모델

- 일반적인 지상분포 기본모델

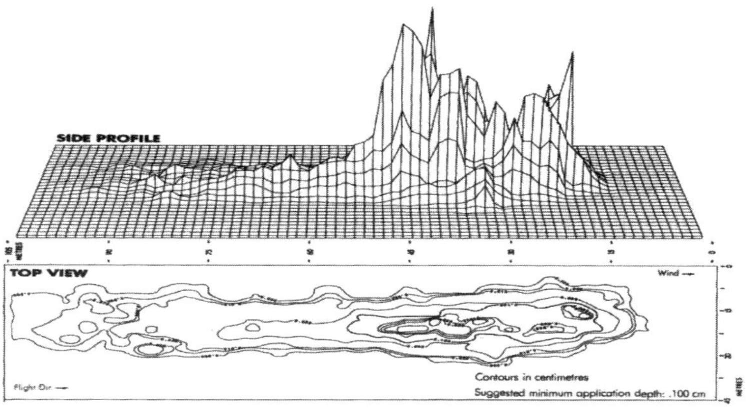

- Ka-32T 헬기 지상분포 모델

Full Salvo, 100km/h(3,000 ℓ)

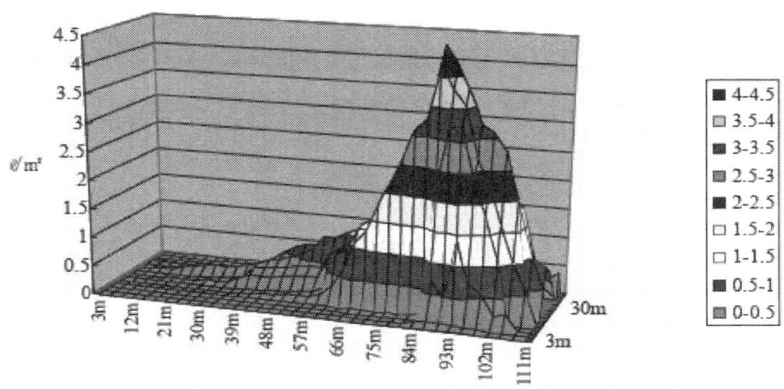

Full Salvo, 100km/h(3,000 ℓ)

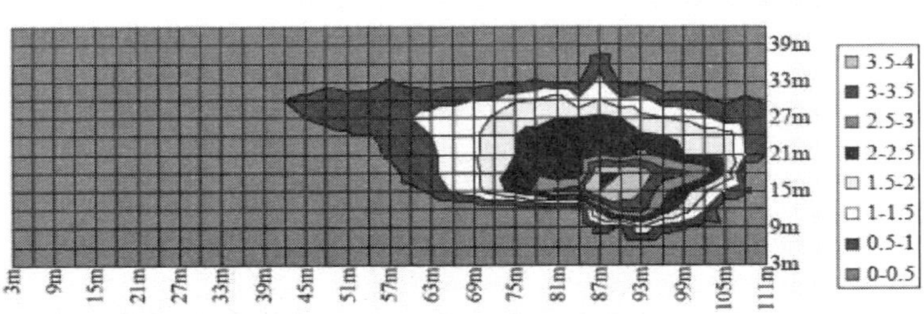

• S-64E 헬기 지상분포 모델

Full Salvo, 100km/h(8,000 ℓ)

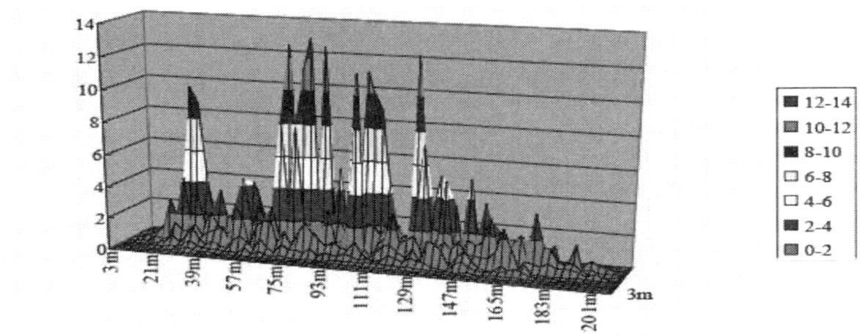

Full Salvo, 100km/h(3,000 ℓ)

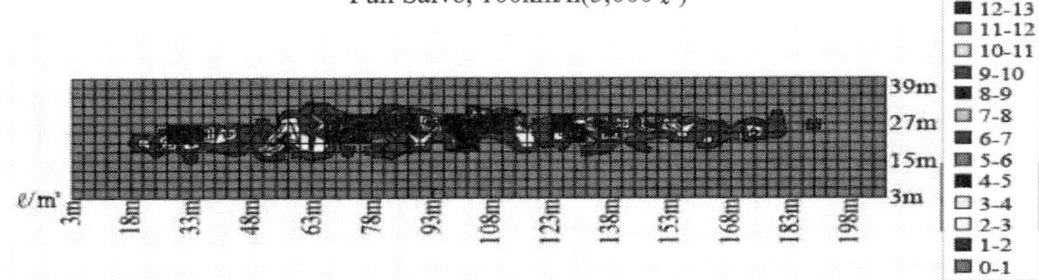

• AS-350B2 헬기 지상분포 모델

Full Salvo, 100km/h(8,000 ℓ)

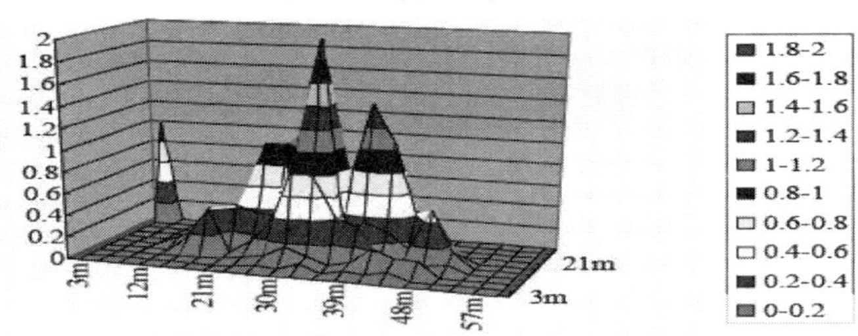

Full Salvo, 100km/h(3,000 ℓ)

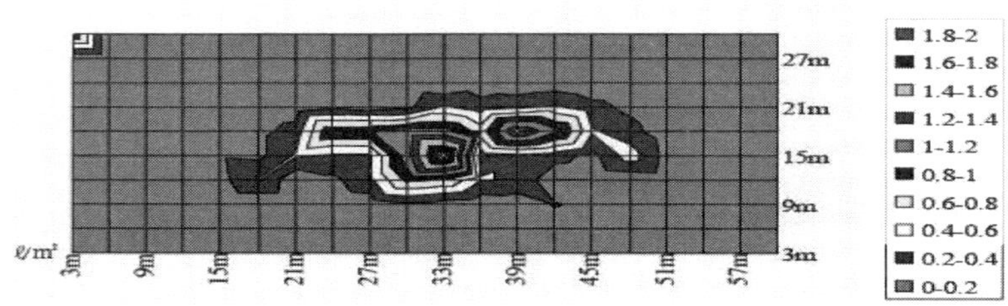

부록 4 산불발생시 헬기 출동대수판단 방법(논문)

산불발생시 헬기 출동대수산정 알고리즘 설계

Design of Amount Helicopter Dispatch Adjudication Algorithm on Forest Fire

〈요약〉

산불현장에서 제한된 헬기를 효율적으로 운영하기 위하여 현장정보를 신속히 분석 및 판단하여 산불규모에 적절한 지원헬기 대수 및 예상 진화시간 판단을 위한 계량적인 기법의 개발이 중요한 과제이다. 따라서 본 연구는 산불진화헬기의 적절한 지원대수 판단식 (H)=F(m)÷40(m)±α와 예상 진화소요시간 판단식 (C)=(N−1)×t'+나머지 N+a 등 2개의 알고리즘설계와 화선길이에 따른 지원헬기대수 및 물투하 적용표를 도출하였다. 이 알고리즘은 수학적인 근거를 확립하고 진화전략 수립 및 경제적이고 효율적인 공중진화역량 강화에 도움을 줄 것으로 사료된다.

〈ABSTRACT〉

Keywords : Forest fire, Aerial fire firefighting, Indirect attack, Fireline construction, Spot fire

1. 서론

우리나라의 산불발생시 참가하는 헬기는 2024년 현재 산림청 48대, 소방청 31대, 국립공원 1대, 민간 76대, 군 29대 등 총 185대가 운영된다. 최근 산불발생이 빈번함에 따라 진화헬기가 증가하고 있으며 실제 산불현장에서의 헬기에 의한 공중진화율도 더불어 상승하고 있다. 즉, 1985년부터 2013년 까지 공중진화율이 68% 이었고 최근 10년간의 공중진화율은 79%로 점차 상승추세에 있으며 산불 건당 헬기대수는 2.47대이다. 기관별 헬기투입율을 살펴보면 산림청 58.4%, 민간 20.2%, 소방 8.6%, 군 9.4%, 경찰 3.4%로 산림청 헬기가 주도적인 역할을 수행하고 있다.[1] 산불현장에는 국방부 각 기관들이 통합하여 많은 헬기가 참여하고 있으며 이에 대한 공중지휘통제는 산림기본법에 의하여 산림청에서 하고 있다. 따라서 산림청의 지휘조종사는 현장의 산불상황을 판단하여 필요시 산림청 상황실에 헬기를 추가 요청 한다. 그러나 한정된 헬기 대수로 인하여 헬기는 경제적이고 효율적으로 운용되어야 한다.[2)] 특히, 전국적으로 산불이 다발적으로 발생시 출동하는 헬기 대수가 매우 부족한 경우가 발생한다. 산불발생 및 확산시 현장의 산불규모에 적합한 헬기 대수 결정은 산불발생시 보고되는 지상 현장의 대략적인 의견 및 현장에 최초로 도착하는 지휘조종사의 의견을 참고하여 산림청에서 기상조건, 산불위험지수, 경험적, 감각적인 요소에 의하여 종합적으로 판단한다. 특히 현장에 출동하는 조종사는 풍속, 지세, 임상 등을 고려한 경험적, 감각적 요소에 의하여 정성적으로 판단하여 보고한다. 따라서 헬기 출동대수 판단은 개인에 따라서 판단의 오차가 상당히 발생한다. 더구나 전국 동시다발 산불발생시 헬기 우선순위 배치 판단에 혼선이 발생하고 부적절한 판단으로 소규모 산불에 과다한 헬기 출동으로 상당한 예산낭비는 물론 공중안전에도 취약한 면이 노출된다. 즉 과학적인 평가기준 없이 지원헬기를 결정함으로서 헬기가 과소 및 과대 출동하는 경우가 있으므로 초기대응의 문제점이 노출되고 공중진화의 안전성과 효율성에 저해요소가 된다. 이에 대한 개선방안으로 산불규모에 적절한 헬기대수를 과학적으로 판단할 수 있는 이론적인 틀을 마련하여 안전하며 효율적으로 공중진화를 할 수 있는 근거 기준이 필요하다. 따라서 본 연구는 산불진화헬기의 적절한 출동대수 결정을 위한 판단기법 알고리즘을 개발하여 출동대수 및 예상 진화시간 판단의 표준적인 계량화로 진화전략을 수립하고 안전하고 효율적인 공중진화를 모색하고자 한다.

2. 이전 헬기 지원대수 판단기준 고찰

산림청은 지원헬기대수 판단을 위하여 기준이 없이 조종사 각자의 경험과 감각에 의한 판단하는 방법을 사용하였다. 그러나 판단의 오차가 많아서 기준을 정하여 추가적인 방법을 모색하였다. 즉 풍속, 지형, 담수지 거리, 지상 진화대의 지원규모, 진화 헬기의 능력 등을 상, 중, 하 3단계로 나누어 판단하는 방법. 세부적으로 항목을 나누고 점수화 한 '헬기출동대수 산정기준표'를 만들어서 사용하는 방법. 풍속에 따라 하는 방법 등 모두 3개 방법이다.

2.1 염두판단 기준표

이 염두판단 기준표는 2000년 동해안 산불이후 산림청이 최초로 공식적인 기준을 정하였다. 풍속은 5m/sec, 10m/sec 기준으로 지형은 암반지역, 연기로 인한 시정장애 지형, 높은산, 고압선 등 장애물이 있는 지형으로 헬기가 물을 담수하는 담수지까지의 거리를 왕복 10분, 20분 기준으로 지상진화대의 규모와 진화항공기의 능력을 기준으로 하여 3단계의 기준을 설정하였다. 이를 바탕으로 조종사가 염두 판단하여 소요 증원헬기를 산림청에 보고 하였다. 이 기준표는 산불관련 요소를 조종사 각자의 경험 및 감각으로 판단하기 위한 기준을 계량화한 최초의 방법이다. 이 기준표를 참고하여 공중의 복잡한 상황 하에서 염두 판단하는 방법으로 현재 사용하고 있다. [표 1]은 '조종사 염두판단 기준표' 이다.

[표 1] Additional Support Helicopters Criteria of Pilot in mind

구분	상	중	하
풍속	10m/s 이상 : 2배 이상 증원	5~10m/s : 30%~50% 증원	5m/s 이하 : 증원 없음
지형	높은산, 계곡, 고압선, 전선이 있는 지형 : 30% 증원	연기로 시정장애가 있는 지형 : 20% 증원	암반이 형성된 지형 : 10% 증원
담수지 거리	왕복20분 이상 : 2배 이상 증원	왕복 10분 이상: 30% 증원	왕복 10분 이내 : 증원 없음
지상 진화대의 지원규모	진화요원이 없는 경우 : 20% 증원	진화요원이 적으며 진화에 소극적인 경우 : 10% 증원	진화요원이 많으며, 진화에 적극적인 경우 : 증원 없음

2.2 헬기 출동대수 산정기준표

조종사 염두판단 기준표를 더욱 자세하게 보완하기 위해서 산림청은 2005년 낙산사 산불이후 '헬기출동대수 산정기준표'를 만들었다. 이는 기상을 더 세분화하고 숲의 상태, 지형여건, 산불지점과 담수지와의 거리, 인력의 접근성, 장애물 여부, 문화재 및 민가와의 거리, 일몰시간, 권역별 구분, 산불발생위치 및 산불경과 시간 등 제반 산불관련 요소들을 세분화하여 점수표를 만들었다. 이는 조종사가 판단하기는 매우 복잡하고 난해하며 산불지휘부에서 지상 및 공중의 상황을 보고 받아서 점수화하여 출동대수를 결정하는 방법이다. 따라서 이 방법은 실용적이지 못하여 사용하지 않았다. [표 2]는 '헬기출동대수 산정기준표' 이다.[3)]

[표 2] Estimated Numbers Helicopter Support Benchmarks in Case of Forest fire

항목	100점 기준	산출 기준
1. 기상	(35)	
1) 산불경보발령	10	관심(4), 주의(6), 경계(8), 심각(10)
2) 건조일지속	10	3일 이하(4), 3일~1주(6), 1~2주(8), 2주 이상(10)
3) 풍속	15	3m이하(4), 3~5m(7), 5~10m(10), 10~15m(13), 15m 이상(15)
2. 숲의 상태	(10)	
1) 임상	4	활엽수(2), 혼효림(3), 침엽수(4)
2) 숲가꾸기	3	3년 이상(1), 2년(2), 1년(3)
3) 영급	3	Ⅲ 이상(1), Ⅱ~Ⅲ(2), Ⅱ이하(3)
3. 지형 여건	(10)	
1) 경사도	4	20°이하(1), 20~30°(2), 30~45°(3), 45° 이상
2) 산의 규모	3	50ha 이하(1), 50~100ha(2), 100ha 이상(3)
3) 해발고	3	300m 이하(1), 300~500m(2), 500m 이상(3)
4. 거리/접근성	(20)	30분 이내(1), 1시간(2), 2시간 이상(3)
1) 인력 접근성	3	2km 이내(3), 4km(6), 6km(8), 8km 이상(10)
2) 담수지거리	10	30분 이내(2), 30분~1시간(3),
3) 헬기도착시간	4	1시간 이상(4)
4) 진화차 접근성	3	운행가능(1), 부분운행(2), 운행불가(3)
5. 기타	(25)	
1) 고압선, 철탑거리	5	4km 이상(1), 2~4km(2), 2km 이내(4), 현장위치(5)
2) 문화재, 민가거리	5	4km 이상(1), 2~4km(2), 2km 이내(4), 현장위치(5)
3) 일몰시간 도래	5	2시간 이상(2),1~2시간(3),30분~1시간(4),30분 이내(5)
4) 동일권역 산불	4	1개소(2), 2개소 이상(3), 동일 시·군(4)
5) 산불발생 위치	3	산정상(1), 산중턱(2), 산하단(3), 농경지(5)
6) 산불경과 시간	3	10분 이내(1), 10~30분(2), 30분 이상(3)

2.3 풍속에 따른 헬기출동대수 판단

'조종사 염두판단 기준표' 운용의 오류와 '헬기출동대수 산정기준표'의 복잡성과 비실용성에 대한 보완으로 산림청은 2013년 4월 19일 기존의 방법을 매우 단순화 하여 헬기 최초출동기준을 공문으로 전국 진화헬기 부서에 보냈다. 문서에 의하면 3,000L탱크용량의 대형헬기 운용하여 풍속 5m/sec 미만시 1대, 5~7m/sec시 2대, 7~10m/sec시 3대, 10m/sec 이상시 4대 이상이 출동하도록 기준을 정하였다.[4)] 이는 산불확산의 영향요소 중 가장 큰 영향을 주는 풍속만을 고려하여 풍속의 결과로 나타나는 산불확산거리를 경험적인 판단으로 출동대수를 결정한 것이다.

2.4 헬기 지원대수 판단 문제점 검토

상기의 '염두판단 기준표'는 기준을 가지고 현장에 활용되고 있으나, 조종사에 따라 염두 판단의 오차가 노출되고 '헬기출동대수산정기준표'는 복잡하여 현장에서 실용성이 없어서 사용하지 않으며 '풍속에 의한 헬기출동대수 판단'은 풍속만을 고려하여 또한 오차가 있다. 공통적인 문제점은 출동대수 판단을 함으로서 예상 진화완료시간도 판단이 되어야 하는데, 이 부분이 고려되지 않았다. 이러한 문제점을 해결하고 산불현장에서 즉각적인 출동대수 판단과 예상 진화시간 판단이 가능한 정량적인 결과를 도출하기 위한 최적의 기법이 필요하다.

3. 헬기지원대수 및 예상진화시간 판단 알고리즘 개발

3.1 산불확산예측 프로그램 분석

헬기 출동대수는 기본적으로 산불확산속도에 의한다. 산불확산에 영향을 미치는 인자는 직접 영향인자로 경사도와 풍속이며 간접영향인자로 경사향, 연료환경, 연료깊이, 연료량, 연료습도가 있는데 산불의 확산거리는 직접 및 간접인자가 복합적으로 연계되어진 결과이다.

따라서 헬기 출동대수 판단을 위한 수학적 모델링(mathermatical modeling)에 의한 기법을 개발하여 적절한 헬기 출동대수 판단을 표준적으로 계량화하기 위하여 우선적으로 산불확산속도를 알아야한다. 산불확산은 산불의 진행속도에 의해서 결정되는데 최초의 이론은 미국의 Rothermel(1972)이 개발한 식으로 미국에서 현재 산불예측 전산프로그램에 활용하고 있으며 이 식의 구성 내용은 산불의 진행속도를 반응열량, 진행비율(1+풍속효율+경사요인)을 건중 용적밀도, 가열 가능량, 발화 도달 열량 등으로 나눈 값으로 산출하였다. 특히, 경사도와 풍속은 상승적으로 산불의 진행속도를 가속화 시키는 요인으로 작용한다.[5] 이 식의 적용은 미국지형에 따른 것으로 한국지형에는 적합하지 않는 부분이 있다. 따라서 국내 임상의 산불확산에 대하여 선행 연구한 「GIS를 이용한 산불확산예측 프로그램의 개발」(2003) 논문[6]과 2011년 국립산림과학원에서 개발한 '산불확산 간이 조견표'[7]를 검토하였다. 후자의 '산불확산 조견표'는 2002년 청양·예산 산불, 2004년 대구, 속초, 김해 등의 산불확산을 실측하여 개발 하였다. '산불확산 조견표'는 산불 상황실 및 현장에서 쉽고 간단하게 산불진행방향 및 확산속도를 예측하는데 사용하기 위해 만들었지만 산불은 영향을 미치는 인자들이 복잡하고 지역이 다르므로 산불확산예측 판단의 어려운 점이 많아 실제로 다양한 산불현장에서의 검증 및 수정보완이 필요하다. 전자의 「GIS를 이용한 산불확산예측 프로그램의 개발」 논문은 2000년 동해안 산불지역을 실측하여 산불확산에 대하여 연구한 것으로 영동지방의 기상, 지형, 임상 등의 산불확산 영향인자가 복합적으로 포함된 결과로서 풍속에 따른 산불확산거리 이다. 따라서 이 결과를 영동지방의 표본적인 자료로 사용하여 출동대수 판단 알고리즘을 개발하고자 한다. 「GIS를 이용한 산불확산예측 프로그램의 개발」 논문의 '풍속의 변화에 따른 산불확산속도의 변화' 그래프 [그림 1]에 동해안 산불 최대풍속 및 확산거리를 응용・산출하여 [표 3]의 산불확산거리 제원표를 작성하였다.

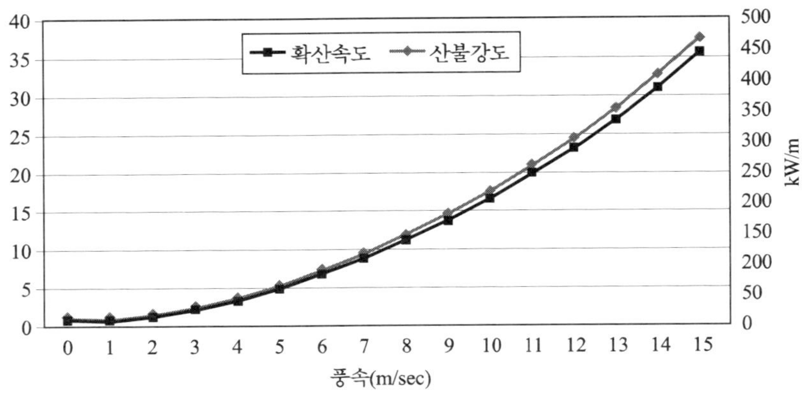

[그림 1] Change in Forest Fire Spread Speed Due to the Change of the Wind Speed

[표 3] Wildfire Spread Away Technical Specifications

풍속 (m/sec)	4	6	8.5	10	11.5	12.5	14	15
확산거리 (m/min)	3	6	9	13	16	19	22	26

3.2 산불확산거리 예측에 의한 지원대수 및 예상진화시간 판단

3.2.1 산출식을 위한 가정 및 정의

본 연구는 출동대수 판단을 위한 수학식 산출식을 위하여 선행 연구에서 논의된 주요변수들이 산불확산에 영향을 미칠 것이라는 가정을 다음과 같이 설정하였다.

- 가정 1. 산불진화는 화선의 불을 제압하는 과정이다.
- 가정 2. 산불의 화선형태는 원형, 타원형, 부채꼴형으로 나타나지만 원형으로 단순화 한다.
- 가정 3. 헬기에서 물투하 시간은 비행소요시간에 포함한다.
- 가정 4. 물을 투하한 지역은 진화된 것으로 본다.

부호의 정의는 다음과 같이 한다.

- 정의 1. **산불확산거리**(R)는 산불확산에 영향을 주는 직접, 간접인자가 복합되어 나타난 거리로서 산불발생지역의 타원형의 **지름**이다.
- 정의 2. 산불발생지역의 타원형 반지름은 (r)
- 정의 3. 최초 보고 받는 화선의 길이는 (f), f는 f'로 변화하기 때문에 수학적 산출에는 포함하지 않는다.
- 정의 4. 추가적인 화선의 길이는 (f'), f'는 원주의 길이(2×3.14π×r) 이다.
- 정의 5. 전체화선의 길이는 (F)
- 정의 6. 현장도착시간은 (t)
- 정의 7. 현장확인 후 1회담수지 왕복시간은 (t')
- 정의 8. 최초진화소요시간은 (T)
- 정의 9. 풍속확산거리 (S)
- 정의 10. 물투하 진화거리는 Ka-32t 기종으로 하며, 평균진화거리 50m에서 산림청이 사용하는 진화율 0.74를 곱하여 40m를 적용
- 정의 11. 출동대수는 (H)

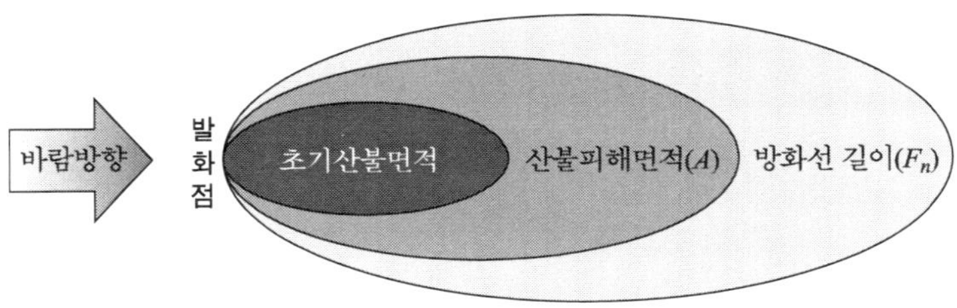

[그림2] Forest Fire Spread Model

3.2.2 지원대수판단 알고리즘

지원대수 판단 수학적 알고리즘을 유도하면 다음과 같다.

- 최초 물투하까지 소요시간 (T) = t + t'
- 산불확산거리 (R) = T × S
- 산불발생지역 반지름 (r) = R ÷ 2
- 전체화선길이 (F) = f' (2 × π × r) (m)
- **출동대수**(H) = F(m) ÷ 40(m) ± α (a:불규칙한 상황변수)

예시1)
· 산불 현장상황
- 풍속:10m/sec
- 보고받은 최초화선길이 : 20m
- 헬기 현장도착시간 : 20분
- 헬기현장 확인 후 저수지 왕복 소요시간: 10분
· 최초 출동대수 판단
- 항공기 최초진화 소요시간(T) : 30분
- 풍속 10m/sec에 따른 산불확산거리(R)은 13m(Table 2)이므로
13m × 30분 = 390m, r: 390m ÷ 2 = 195m
- 전체화선길이(F) : 2 × 3.14 × 195m= 1,224m≒ 1,200m이므로
출동대수는 1200m ÷ 40m=30대

그러나 헬기 30대 지원은 현실적으로 불가능하므로 헬기 대수와 물투하 회수를 비교하여 즉시적인 사용성과 편리성을 위하여 [표 4]의 '화선길이에 따른 지원헬기대수 및 물투하 적용표'를 만들었다. 이 적용표를 사용하여 가용 헬기에 따라 적절한 대수를 출동시킬 수 있다. 전체화선거리 1,200m를 [표 4]를 적용하여 5가지 방법 이상으로 헬기를 출동시킬 수 있다. 예를 들면 3대가 출동하여 10회 물투하, 4대가 출동하여 8회 물투하, 5대가 출동하여 6회 물투하, 6대가 출동하여 5회 물투하를 하여 진화를 완료 할 수 있다.

[표 4] Helicopter Support Benchmarks Due to Length of First Reported Fire Lines

살포수 \ 대수	1	2	3	4	5	6	7	8	9	10
1	40	80	120	160	200	240	280	320	360	400
2	80	160	240	320	400	480	560	640	760	800
3	120	240	360	480	600	720	840	960	1080	1,200
4	160	320	480	640	800	960	1,120	1,280	1,440	1,600
5	200	400	600	800	1,000	**1,200**	1,400	1,600	1,800	2,000
6	240	480	720	960	**1,200**	1,440	1,680	1,920	2,160	2,400
7	280	560	840	1,120	1,400	1,680	1,960	2,240	2,520	2,800
8	320	640	960	**1,280**	1,600	1,920	2,240	2,560	2,880	3,200
9	360	720	1080	1,440	1,800	2,160	2,520	2,880	3,240	3,600
10	400	800	**1,200**	1,600	2,000	2,400	2,800	3,200	3,600	4,000

대수 / 살포수	11	12	13	14	15	16	17	18	19	20
1	440	480	520	560	600	640	680	720	760	800
2	880	960	1,040	1,120	1,200	1,280	1,360	1,440	1,520	1,600
3	1,320	1,440	1,560	1,680	1,800	1,960	2,040	2,160	2,280	2,400
4	1,760	1,920	2,080	2,240	2,400	2,560	2,720	2,880	3,040	3,200
5	2,200	2,400	2,600	2,800	3,000	3,200	3,400	3,600	3,800	4,000
6	2,640	2,880	3,120	3,360	3,600	3,840	4,080	4,320	4,560	4,800
7	3,080	3,360	3,640	3,920	4,200	4,480	4,760	5,040	5,320	5,600
8	3,520	3,840	4,160	4,480	4,800	5,120	5,440	5,760	6,080	6,400
9	3,960	4,320	4,680	5,040	5,400	5,760	6,120	6,480	6,840	7,200
10	4,400	4,80,0	5,200	5,600	6,000	6,400	6,800	7,200	7,600	8,000

3.2.3 예상 진화시간판단 알고리즘

예상 진화시간을 판단하기 먼저 부호의 정의는 다음과 같이한다.

- 정의 1. Table 3에 의한 최초 대당 물투하 횟수 : **N**
- 정의 2. 물투하 1회 후 남은 물투하 횟수 : **N-1**
- 정의 3. 물투하 후 왕복시간에 증가된 확산거리 : **R'**
- 정의 4. 1회 물투하후 새로운 타원형 반지름 : **r'**
- 정의 5 새로운 화선길이 : **F'**
- 정의 6 예상 진화시간 : C

3대가 최초 물투하 하면 화선이 120m(3대×40m)감소되며 횟수가 증가할수록 타원형 화선이 직선형 화선으로 변화하므로 원둘레 계산법의 유의성이 감소하므로 등속도 운동 계산법으로 한다. 이를 바탕으로 예상 진화시간판단 수학적 알고리즘을 유도하면 다음과 같다.

- 물투하 N-1회 저수지 왕복시간 동안 증가 될 화선길이 (F') = (N-1) × S × t'
- 물투하 N-1회 후 감소할 화선거리 (F") = **헬기대수** × 40m × (N-1)
- 화선 남은거리 = F" - F'
- **예상 진화소요시간** (C) = (N-1) × t' + **나머지**N + a (a:불규칙한 상황변수)

예시2)
위 최초 출동대수 알고리즘 예시1)에서

A) 3대가 출동시 최초 대당 물투하 횟수: 10회
- 물투하 1회 후 남은 물투하 횟수 : 10-1 = 9회
- 물투하 9회 왕복시간 동안 증가될 화선길이 : 9회 × 13m × 10분 = 1,170m
- 물투하 9회 후 감소할 화선거리 : 3대 × 40m × 9회 = 1,080m
- 화선 남은거리 : 1,170m - 1,080m = 90m
- **예상 진화소요시간 : (9회 × 10분) + 10분 = 100분**

B) 5대가 출동시 최초 대당 물투하 횟수 : 6회
- 물투하 1회 후 남은 물투하 횟수 : 6-1 = 5회
- 물투하 5회 왕복시간 동안 증가될 화선길이: 5회 × 13m × 10분 = 650m
- 물투하 5회 후 감소할 화선거리 : 5대 × 40m × 5회 = 1,000m
- 화선 남은거리 : 650m -1,000m = -350m
- **예상 진화소요시간 : (5회 × 10분) - 10분 = 90분**

상기 예시에서 나타난 바와 같이 헬기대수가 많을수록 진화시간은 감소가 된다.

4. 결론

본 연구에서 단순한 원형모양의 산불확산 형태에 따른 출동대수 판단식 **출동대수(H) = F(m) ÷ 40(m) ± α** 와 예상 진화소요시간 판단식 **예상진화시간 (C) = (N-1) × t' + 나머지N + a** 등 2개의 식과 '화선길이에 따른 지원헬기대수 및 물투하 적용표'를 도출하였다. 이 3가지 알고리즘은 산불규모에 따른 적절한 지원헬기대수와 예상 진화시간을 판단할 수 있는 이론적 기준을 제시함으로서 과학적인 근거를 확립 하였고 산불지휘부가 즉시적이고 편리하게 실용적인 적용을 함으로서 진화계획 수립과 안전하고 효율적으로 공중진화를 할 수 있을 것으로 사료된다.

그러나 본 연구의 한계점은 2000년의 동해안 산불 발생시 풍속의 효과체계를 연구한 논문 자료를 사용하여 알고리즘을 개발하였다. 따라서 본 이론 적용은 강원도 및 중부내륙 산악지역의 바람이 강한 산불에서만 제한적으로 적용하는 것이 적절할 것이고 실제 산불현장에서 시험적용 하여 검증 및 오차범위를 추출하여 알고리즘을 수정해야 할 추후 과제가 있다. 또한 산불은 험난한 지형을 따라서 능선을 타고 풍속과 풍향에 의해 불규칙적으로 확산되며 비산화 현상 등의 변수가 많으므로 산불 확산거리 및 화선길이를 단지 타원형, 하나의

선으로 만 나타내어 적용하기에는 많은 오차가 있으므로 다양한 산불형태에 따른 추가적인 연구도 필요하다. 더불어 진화전략과 전술, 조종사의 역량, 지형극복의 난이성, 안전성 등의 변수가 있으므로 종합적인 상황에 따라서 예상 진화완료시간의 오차가 발생한다.

〈References〉

1. 배택훈, “산불진화헬기의 효율적 운영방안 연구” 한국화재소방학회 논문집 Vol. 29, No.1, pp46, 2015
2. USDA Forest Service "Fire Management Notes" V0l 58, No 4, Fall
3. 산림청, "2012년도 산불방지분야 사업계획" p.159 (2011)
4. 산림청, "산림청 헬기 초기투입기준 알림“, 산불방지과-1631,(2013.4.19.)
5. 이시영, “산불현장대응론”, 동화기술, pp.7-30 (2011)
6. 정주상 외, “GIS를 이용한 산불확산예측프로그램의 개발” 서울대 산림자원학과(2003)
7. 산림청, "산불교육훈련표준교재“, pp109-112 (2006)

부록 5 산불항공진화 용어

· **산불사고** (Incident)
인적인 이유나 자연적인 현상에 의한 산불사고발생을 말하며 생명이나 재산 및 자연자원의 최소 손실과 피해를 방지하기 위한 비상 지원의 경고가 요구 된다.

· **사고 지휘관** (Incident Commander : IC)
모든 사고 운영의 관리를 위한 책임이 있는 자

· **고정점** (Anchor Point)
산불의 확산 저지를 위한 최초 화선을 구축하기에 유리한 장소, 지점

· **통제선** (Conrol Line)
인공 및 천연장애물을 포함하여 산불의 가장자리를 다루어 불을 통제하는 선

· **맞불** (Backfiring)
간접진화시 산불을 포함한 통제선내 연료에 불을 붙이는 행동이며 산불둘레에 넓은 방어를 한다. 또한 산불 진화자에게 유리한 장소에서 지역통제선의 가능한 전략을 수행하는 전술이다.

· **장애물** (Barrier)
산불확산을 차단하며 가연성 연료가 없는 지역이나 언덕

· **산불 층** (Base of fire)
화두에 대한 산불 주변의 부분

· **검은선 개념** (Blackline Concept)
주불과 화선 사이의 남은 연료는 통제력의 안전을 보증하고 통제선의 보호를 위해 태운다.

· **강한 산불** (Blow-up)
급작스런 산불강도의 증가 또는 충분한 확산률, 통제계획을 혼란하게 하는 산불로 격렬한 대류 및 대폭발을 동반한다.

· **연소** (Burning Out)

직접진화 또는 산불의 지점에 통제선을 고정하는 평행진화, 강한산불 통제선 안 연료에 강하게 불이 붙는 것을 진화한 것.

· **연소기간** (Burning Period)

산불이 빠르게 확산되는 24시간의 부분, 특히 오전부터 오후 또는 일몰까지의 시간

· **산불 손감지**(Cold Trailing)

불의 탐지를 손으로 감지 및 조사하여 부분적으로 잔불을 통제하는 방법으로 불씨 지점을 파고 도랑을 만들어 덮는다.

· **수관화** (Crown Fire)

지표에서 독립적으로 또는 나무의 꼭대기 이상으로 불이 왕관 모습으로 타오르는 것이며 때로 서로 영향을 주면서 타며 지표로부터 별도로 진화되기도 한다.

· **포복** (Creeping)

적은 연소와 느리게 확산되며 타는 것

· **화지** (Finger of fire)

주 산불에서 산불의 한 부분이 좁게 길게 진행한 불

· **방화대** (Firebreak) = firelane

천연 또는 인공장애물을 이용하여 산불을 정지하거나 발생하는 불을 확인하거나 작업을 하기 위해 통제선을 보강한다.

· **산불선** (Fireline) = firetrail

통제선의 부분을 깨끗이 하거나 진흙을 덮는 것

· **산불둘레** (Fire Perimeter)

산불의 바깥 끝이나 경계(범위)

· **산불소용돌이** (Firewhirl)

볼텍스로부터 공기가 상승하면서 회전하며 움직이는 기둥은 연기, 부스러기, 화염을

높이 이동시킨다. 1~2피트 범위의 작은 토네이도로 강도가 세다.

· **화염전방** (Flaming Front)
연소되어 최초의 화염이 이동하는 지역이다. 특히 가벼운 연료는 화염이 전방으로 잘 이동하고 무거운 연료는 깊고 천천히 이동한다.

· **지상산불** (Ground Fire)
지표지역에서 유기체를 태우며 타는 산불

· **지표산불** (Surface Fire)
산림의 흐트러진 부스러기나 작은 식물로 인해 지표에서 작게 타는 산불

· **화두** (Head of a fire)
산불의 둘레에서 가장 빠르게 확산되는 부분, 바람 불어가는 쪽이나 경사로에 형성된다.

· **핫 스팟** (Hot spot)
산불이 특별하게 활동하는 부분

· **핫 스팟팅** (Hot spotting)
매우 빠르게 확산되거나 특별한 위협지점에서의 산불확산을 확인하며 우선적으로 진화한다.

· **비 산화** (Spot Fire)
가연성물질이 주산불의 경계를 넘어 공중을 통하여 이동하여 발생한 불

· **비산** (Spotting)
타다 남은 물질이나 불똥이 바람으로 이동하여 주산불의 밖에서 새로 발생한 불

· **산불 리타던트** (Fire Retardant)
산불의 타는 강도를 감소하기 위한 화학적, 물리적인 물질

· **장기 리타던트** (Long-Term Retardant)
최초에 포함된 물이 증발된 후에도 연소가 감소하거나 중지 능력이 있는 화학제

· **단기 리타던트** (Short-Term Retardant)
습기가 포함된 형태로 연소를 감소하거나 중지하고 습기가 증발한 후에는 효과가 없는 화학제

· **리타던트 범위** (Retardent Coverage)
리타던트에 의해 덮여진 연료의 면적

· **타이인** (Tie-In)
리타던트를 투하하기 위해 특별한 지역을 묶는 것

· **얇은연료** (Fine Fuel)
잔디, 잎, 침엽수, 양치류, 이끼, 베어진 나무 등이 건조되어 점화가 쉽고 빠르게 타는 연료. 섬광연료 라고도 한다.

· **산불의 측면** (Flanking of the Fire)
산불둘레의 부분이 확산 주방향과 대략적으로 평행으로 있다.

· **섬광** (Flare up)
산불의 급작스런 확산 또는 강화. 강한 산불 'blow up'과 다르며 상대적으로 단기간이며 계획된 통제계획의 변화가 필요하지 않다.

· **연료단절** (Fuel break)
산불을 보다 쉽게 진화하기 위해 산불이 일어나기 전에 방화선을 구축한 것이 아니며 기존의 논, 밭이 좁고 길거나 구획지역으로 영구히 있는 지역

· **연료형태** (Fuel Type)
지중화, 지표화, 수간화, 수관화, 비산화

· **산불의 시작** (Origin of fire)
최초 산불이 시작되는 지상의 지점

· **산불의 부분** (Parts of a fire)
자유롭게 연소하는 산불의 특징은 바람이나 경사로인하여 주 확산 이동이 한결같지 않다.

가장 빠르게 움직이는 부분은 산불의 화두이고 화두의 오른쪽 각 둘레의 인접한 부분은 측면(flank)이고 느리게 움직이는 부분은 기저(base)이다.

· **사전위협** (Pre Treat)
지상산불의 진행에서 리타던트를 투하하는 것은 산불통제활동과 통제선을 강화하는 최선의 방법이다.

· **계획산불** (Project fire)
시작되는 보호자원을 넘어서 산불진화에 요구되는 인원과 장비를 보낸다.

· **확산률** (Rate of Spread)
수평면적으로 확산되는 산불의 활동. 산불의 시간당 거리(chain)나 시간당 헥타르로 표시한다.

· **러닝** (Running)
명확히 규정된 화두가 빠르게 확산되는 산불의 행동

· **불도저 선** (Dozer Line)
불도저로 방화선을 구축하는 것

· **배수** (Drainage)
강이나 하천으로 배수되는 지역, 주요 계곡과 몇 개의 보조 계곡이 포함된다.

· **주산능선** (Main Ridge)
현저하게 능선과 분리된 강이나 시냇물. 통상적인 많은 작은 능선(돌출 능선)이 양쪽으로 뻗어 나온 것

· **돌출능선** (Spur Ridge)
주능선에서 손가락처럼 뻗어 나온 작은 능선

· **안장** (Saddle)
능선 상에서 침하하거나 지나가는 것

· **안전한 장소** (Safety Island)
화선에서 탈출을 하는 곳으로 사용하는 전략적인 장소이며 비산화의 경우 안전하지 않은 화선연료를 통제선 밖으로 만든다. 산불통제를 위하여 사전에 소비되는 통제선 안의 연료를 고려하는 작업으로 안전하게 장소를 유지한다. 비상시에 에어탱크는 리타던트 투하를 하기 위한 안전한 장소를 구축하는 것을 요구할 수도 있다.

· **스케레치 라인** (Scratch Line)
확산되는 불을 비상시 정밀한 확인 때문에 작업도구로 급하게 만드는 예비통제선

· **세컨다리 라인** (Secondary Line)
주 통제선에서 멀리 이격하여 만든 화선으로 경사를 넘거나 비산화 산불에 예비로 대응하기 위하여 사용된다.

· **스롭오버** (Slop Over)
통제선을 지나서 산불이 확장되는 것

· **스몰더링** (Smoldering)
연소와 심한 확산 없이 타는 산불의 행동

· **스내그** (Snag)
잎과 작은 가지가 떨어진 서있는 죽은 나무나 죽은 나무의 부분

· **워터텐더** (Water Tender)
많은 물을 탑재하여 이동하는 지상차량. 1,500~4,000가론 탑재

· **웨팅 에이전트** (Wetting Agent)
적절한 양의 물이 더할 때 물질적으로 물의 지표강도를 감소하고 침투와 확산력을 증가한다.

· **대류** (Convection)
대기가 산불의 열로 인하여 강하게 수직으로 상승하는 것

- **대류기둥** (Convection Column)
  가스, 연기, 연소부스러기 등으로 인한 상승 열기둥이 생성되는 것

- **가벼운 폭풍** (Dry Lightning Storm)
  무시할 수 있는 가벼운 폭풍이 지상에 도달하는 것

- **최초공격** (Initinal Attack)
  사고 발생이 최초로 도착한 자원의 통제 노력

- **측면진화** (Flanking)
  산불의 측면을 따라서 적은 활동 또는 기준점으로 동시에 성공적으로 공격하는 것이며 전방으로 두개로 연결되어 있다.

- **녹다운**(Knock Down)
  특별한 목표물의 화두나 화염을 감소하는 것. 리타던트를 화선둘레나 화점에 직접투하 함

- **헬리텍** (Helitack)
  헬기와 산불의 즉각 통제를 위한 훈련된 공중진화팀의 운용으로 최초 산불진압 단계

- **승무원 대장** (Crew Boss)
  안전과 산불진화에 책임이 있고 각자 진화대를 할당받은 사람

- **스트라이크 팀** (Strike Team)
  공통의 용어를 사용하고 지휘자가 있는 동일한 종류와 자원의 형태로 특별히 조합된 팀

- **파견센터** (Dispatch Center)
  자원을 산불지역에 직접 할당하는 시설

- **배치** (Configuration)
  헬기를 어떻게 준비하고 파견하는 것

- **공격강화** (Reinforced Attack)
  여기에는 자원이 최초 공격자원에 부가하여 요구된다.

· **중요지점** (Cardinal Point)

나침의 4개 주요 지점 : 동, 서, 남, 북

· **목표** (Target)

리타던트를 투하하는 지역이나 목표물

· **목표상공** (On Target)

조종사가 물을 정확한 장소에 잘 투하하는 것을 인정 확인

· **시계방법** (Clock Method)

항공기 기수를 12시 후방을 6시로 하여 중심으로 “목표는 6시 방향이다” 식으로 시계 방향으로 참고하여 목표나 지점을 나타내는 것이다.

· **좌, 우로 투하** (Break/Left or Right)

항공기에게 물 투하 시 좌,우 투하를 지시 하는 것이며 즉각적인 반응을 한다.

· **직접진화** (Direct Attack)

산불의 전체 또는 가장자리에 물이나 화학제로 진압하거나 타지 않은 지역을 기계적으로 분리하는 것이다.

· **간접진화** (Indirect Attack)

자연방화대, 지형적으로 좋은 곳 또는 산불로부터 이격되고 연료 간격이 맞불이거나 타버린지역을 고려한 통제선에서 산불을 진압하는 방법

· **투하** (Drop)

화물이나 물, 리타던트를 떨어뜨리는 것

· **투하형태** ((Drop Configuration)

목표를 제압하기 위한 투하형태로 USAF 에어탱크 성능가이드에 있는 방법에 기초한다.

- 일제투하(Salvo) : 한 지점에 화물이나 리타던트를 투하 하는 것, 탱크를 동시에 열어서 투하 한다.
- 길게투하(Trail) : 화선을 따라 연속적으로 투하하는 것
- 분할투하(Split Load) : 부분씩 투하하는 것

· **투하지역** (Drop Zone)
화물을 투하하는 장소

· **조기투하** (Early)
목표물에 짧게 또는 일찍 투하하는 것

· **늦은투하**(Late)
목표물에 늦게 또는 지나서 투하하는 것

· **이탈** (Exit)
지휘관이 에어탱크 조종사에게 공중전술기동 이탈 방향을 지시 하는 것

· **연장** (Extend)
리타던트 투하시 얇게 겹치면서 투하한 앞쪽으로 길게 늘이는 것

· **로우 패스** (Low Pass)
목표 상공을 저고도로 지나는 것. 공중공격을 위해 접근하여 표적을 보다 잘 확인하기 위한 것이며 급한 투하를 위해 지상 인원에게 경고할 때도 한다.

· **전환** (Divert)
어느 목표 또는 새로운 산불 발생지역에 항공기를 보내는 것

참고문헌

1. 이대식, “헬기를 이용한 산불진화와 방제기법에 관한 연구”, 고려대 자연자원대학원 석사학위논문 (1993)
2. 정광수, “산불진화 및 예방대책”, 한국임학회 하계학술발표대회 논문집 (2000)
3. 임주훈, 이병두, 정주상, “동해안 지역의 산불기상”, 한국농림기상학회 춘계학술발표대회 논문집 (2001)
4. 정주상, “GIS를 이용한 산불확산예측 프로그램 개발”, 과학기술부 연구용역보고서 (2003)
5. 청양,예산 산불 피해지 공동조사단, “청양 · 예산 산불 피해지 정밀조사보고서”(2003)
6. 이병두, 이시영, 정주상, “강원도 양양산불 행동 특성”, 한국화재소방학회논문지, 제19권 제4호 (2005)
7. 산림항공관리소, “산불진화헬기 물살포 분포분석” 연구보고서 (2006)
8. 박영주, “산림연료의 연소특성을 이용한 영동지역의 산불 위험성에 관한 연구”, 강원대학교 방제전문대학원 공학박사학위논문 (2009)
9. 배택훈, “산불진화헬기의 물살포 유형 분석에 관한연구”, 한국화재소방학회논문지, 제23권 제2호 (2009)
10. 배택훈, “산불 공중진화 방화선 구축형태 및 진화방법에 관한 연구”, 한국화재소방학회논문지, 제24권 제5호 (2010)
11. 이시영, “산불통계분석을 통한 산불정책 변천 및 대응방안”, 산림청 정책연구용역보고서 (2010)
12. 김지은, “강원 영동지역 봄철 산불대형화에 영향을 주는 기상요소에 관한 연구”, 강원대학교 방재전문대학원 공학석사학위논문 (2011)
13. 서울대학교, 공주대학교, 국립산림과학원, “바닷물을 이용한 산불진화가 산림생태계에 미치는 영향”, 국립산림과학원 연구사업보고서 (2011)
14. 윤용현, “헬기운영 및 안전저해요소 해결방안”, 산림청 정책연구용역결과보고서 (2011)
15. 정부관계부처합동, “2011년 이상기후보고서” (2011)
16. 이병목, 이시영, 이종호, “산불통계로 본 우리나라의 산불특성 연구”, 한국화재소방학회논문지, 제12권 제5호 (2012)
17. 배택훈, “헬기에 의한 산불공중진화 효과 및 안전성 인식 연구”, 한국화재소방학회논문지, 제26권 제2호 (2012)

18. 배택훈, “헬기에 의한 지상 물투하 형태 및 범위 실험”, 한국화재소방학회논문지, 제27권 제2호 (2013)
19. 배택훈, “산불공중진화에 관한 연구”, 강원대학교 방재전문대학원 공학박사학위논문 (2014)
20. 김관수, “산불의 예방과 방지전략”, 호서문화사 (1997)
21. 구길본, 이시영, “산불진화대원 지침서” (2000)
22. 구길본, 박봉식, 배택훈, 심상택, 김선하, “항공안전관리 및 공중진화지침(SOP)”, 산림청 (2001)
23. 배택훈, “산불공중진화”, 산림항공관리소 (2002)
24. 이시영, 김석권, 채희문, 김철민, 이승호, 이해평. “산불교육훈련 표준교재” 산림과학원, (2006)
25. 이시영, 이해평, 박흥석, “산불화재공학”, 동화기술 (2007)
26. 구창덕 외, “신고산림보호학”, 항문사 (2008)
27. 산림청, “기후변화와 산림” (2009)
28. 산림청, “2010 산불통계연보” (2010)
29. 산림청, “년 산불통계연보” (2004~2012)
30. 산림항공관리소, “산림항공33년의 발자취” (2005)
31. 산림항공관리소, “공중진화운영 매뉴얼” (2005)
32. 현신규 외, “산림보호학”, 향문사 (2005)
33. 배택훈, “산불공중진화Ⅱ”, 산림항공본부 (2008)
34. 이시영, “산불현장대응론”, 동화기술 (2011)
35. 산림청, “전국 산불방지 대책 (2012~2016)” (2011)
36. 국립기상연구소, “이산화탄소 배출량 상위 20개국의 부분별 연평균 흡수량” (2011)
37. 산림항공본부, “2011 산림항공통계연보” (2011)
38. 산림항공본부, “2010~2011 산림항공백서” (2011)
39. 산림항공본부, “2012 산림항공통계연보” (2012)
40. 국무총리행정조정실, “구난구조헬기용 주파수[VHF(AM)]결정통보”,행삼010003-43 (1995.5.9)
41. 육군 제3183부대, “산불진화작전 수행절차 토의계획”, 정작 3200-0 (2001.3.26)
42. 국무총리실 안전관리개선기획단, “헬기안전운항확보를 위한 관계기관 대책회의 통보” (2001.7.9)
43. 육군본부, “효율적인 산불진화헬기운용대책 토의 참석 및 의견제시” 문서번호 작항 35400-010512 (2001.9.19)
44. 산림청, “산불진화시 헬기안전운항대책(민 · 관 · 군)” (2001.10.25)
45. 산림청, “효율적 산불진화를 위한 관계기관 협의회” (2000.3.30)
46. 산림청, “산불발생시 무선통신 유지협조”, 산불 521000-270 (2000.5.18.)
47. 산림청, "2012년도 산불방지분야 사업계획“ (2011)
48. 산림청, “2012년 국정감사보고 참고자료” (2011)
49. 국방부(비서관실) “수송기를 활용한 산불진화 적합성 검토(안)” (2011.4.25.)

50. 화성시, "산불진화용 고정익 항공기 도입검토에 따른 협조" (2011.12.26)
51. 경남 "2012년 산불진화 등을 위한 항공기 임차계약 현황보고 (2012.3.22)
52. 산림항공본부, "고정익 항공기(CL-215)운용에 따른 안전대책회의 결과" 산림항공과-809 (2012. 4.5.)
53. Metro News, 제 2636호, p.6(2012.12.14)
54. 국토교통부, "회전익 항공기 야간산불진화운영 관련회의 개최 알림" 운항정책과-1361 (2013.3.20)
55. 국토교통부, "헬기 야간산불진화 관련 의견조회", 운항정책과-253 (2013.4.12)
56. 경남, "야간산불진화용 항공기(헬기) 도입정책 건의", 산림녹지과-5429 (2013.4.12)
57. 산림청, "산림청 헬기 초기투입기준 알림", 산불방지과-1631 (2013.4.19)
58. 한국환경산업기술원, "인도네시아산불 온실가스방출 주범", 환경뉴스정보 (2002)
59. 국립산림과학원, 보도자료 (2009.3.18.)
60. 동아일보, 창간기획 자연의 경고 "기후변화 현장을 가다" (2011.4.10.~21)
61. 배택훈, 이시영 "항공산불방재론" 화수목 (2017)
62. 산림항공본부 "대형산불 핸드북 (2023)
63. 남부지방산림청 "소광리를 지켜라. 울진산불 10일간의 기록" (2022.5)
64. 산림청 "2023 봄철 전국동시다발 산불백서" (2024.4)
65. J. H. Amorim, "Numerical Modeling of the aerial drop of fireghting agent by fixed-Wing aircraft part I model develment", Internaljournal of wildland Fire Vol 20 (2011)
66. USDA Forest Service, "Fire Management Notes", Vol 58 No 4, Fall (1998)
67. WIKIPEDIA, "Aerial Firefighting" (2003)
68. USDA Forest Service, "Fire Management Notes", Vol 52 No 2 (1991)
69. VINCENT J. M GERVAIS "The use of Aircraft in Forest Protection",Forestry Department Algonquin college (1975)
70. CDF "Aviation Management Program" (2012)
71. Arthur A. Brown, Kenneth P. Davis, "Forest Fire Control and Use" (1973)
72. Northwest Aviation Conference, "The Scoop on Waters Bombers", The use ofWater Scooping Airplans for Combating Forest Fires (2011.1.27)
73. Tom Stein Janny, "Airtankers an Historic Overview" (2012)
74. Charles W. Gorge, "Improving the Performence of Fire Retardent Delivery System on Fixed-Wing Aircraft" (1992)
75. Bill Gabbert, "Wildfire Today News and Commentary about Wildland Fire Airtanker Studies" (2011)
76. USDA Forest Service, "News Release USDA Forest Service", No 1161 (2012)

77. WIKIPEDIA, "Helitack" (2012)
78. USDA Forest Service, "Fire Management Notes", Vol 59 No 1 (1999)
79. USDA Forest Service, "Large Airtanker Modernization Strategy", Jan 17 (2012)
80. Bill Gabbert, "Wildfire Today News and Commentary about Wildland Fire Posted", Sep 9 (2011)
81. USDA Audit Report No 08601-53-SF, "Forest Service's Replacement Plan for Firefighting Aerial Resources" (2009)
82. USDA Forest Service, "Announce Strategy to replace Large Airtankers for Wildfire efforts", Feb 10(2012)
83. Senator, Dianne Feinstein, "Forest Service Aerial Firefighting plan delays spark criticism", Riverside Press Enterprise, Feb 21 (2012)
84. Senator, Mark Udall, Denver post article, Jan 29 (2013)
85. DoD Report, "GoGo MAFFS/C-130 proposal Report on joint use federal forest firefighting assets/C-130 Firefighting Capabilities" (2010)
86. NIFC(National Interagency Fire Center), NICC(National Interagency Coordination Center, Aviation (2012)
87. Information Resource Management Working Team, "National Wildland Fire Aviation System Coordination Group" (2012)
88. WILLIAMC. TELE, "Firefighter's Handbook on Wildland Firefighting", Deer Valley press Rescue, California (1994)
89. Department of the Interior Bureau of Indian Affairs, "Wildland Fire andAviation Program Management Operations Guide" (2011)
90. Tomas Eggleston, "Helicopter Firefighting" (1998)
91. Bill Gabbert, "USFS modifies night flying requirements" (2010)
92. Mike Archer, "Aerial Firefighting with NVG- Part 1", Contributors 10461350 (2011.1.28)
93. Mike Archer, "Aerial Firefighting with NVG- Part 1", Contributors 10461350 (2012.2.26)
94. County of San Diego Board of Supervisors, "Night Flying for San Diego's Aerial Firefighting Assets", Night Flying Report (2008)
95. Mark Huber, "USFS to Resume Night Helo Firefighting", Aviation International News(2012.10.2.)
96. International Aerial Fireghting Conference, No.1-9 (2008~2013)
97. R. G Newstead and R. J. Lieskovsky, "Air Tanker and Fire Retardant Drop Patterns", Canadian Forestry Service (1985)

98. USDA Forest Service, “Drop Testing Airtanker” (2000)
99. San Dimas Technolegy & Develement Center in Cooperation with Helicopter Operation Specialists Helicopter Pilot Inspecters and Bureau of Land Management, “Professional Helicopter Pilot Guide” (1996)
100. USDA Forest Service, Technology & Develment Program, “Professional Helicopter Pilot Handbook” (1966)
101. USDA Forest Service Aviation Program, GOALS/VISION, Nov (2009)
102. Information Resource Management Working Team, “National Wildland Fire Aviation System Coordination Group” (2012)
103. Forest Service, “Aircraft Operations Hand Book” 35.11-36.6
104. Forest Service, “Aviation Hand Book” 7026.1-10
105. Forest Service, “Operations and Safety Procedure Guide for Helicopter” (2007)
106. CDF, “Aviation Procedure Hand Book” 8362.2.1.5
107. Forest Service, “Operations and Safety Procedure Guide for Helicopter” (2007)
108. County of San Diego Board of Supervisors, “Night Flying for San Diego's Aerial Firefighting Assets”, Night Flying Report (2008)
109. UA ARMY HQ,. “CJG3 AVN 723 5666” (2002.4.8.)
110. Maris G, Gabliks N.J, “An Evaluation of the Wildland AirAttack Program Utilized in the New Jersey Pine Barrens”
111. Interagency Airspace Coordination Guide (2003)
112. Russia Kumertau Helicopter Co, “Ka-32T Helicopter Manual” (1993)
113. USDA Forest Service Aviation Stratege Implementation. 2018~2022, March 2018 FINAL
114. USDA Firefighting Use and Effectiveness(AFUE) Report March 2020 FIMAL
115. USDA Forest Service Aviation Stratege Plan Fiscal Years 2022~2026
116. http://www.envinet.or.kr.doum
117. http://en.wikipedia..org/wiki/Aerial fireghting
118. http://en.wikipedia..org/wik/CDF Aviation Management Program, pp1-3)
119. http://en.wikipedia..org/wiki/Helitack, pp.1-3)
120. http://.nifc.gov/NIFC(National Interagency Fire Center), NICC(National Interagency Coordination Center
121. http://cgibin.erols.com/afia/Tutorialinternet.html Aerial Fireghting pp.1-3)
122. http://cgibin.erols.com/afia/index.html)
123. http://cgibin.erols.com/afia/afiafact.html)
124. http://airtanks.org

125. http://fs.fed.us/fire/av-safety/assurance/fy-safety-reports/index.html Forest Service FY 2012 Aviation Safety Summery
126. http://fire.norca/scan.org/air/drop visual/htm. p.1
127. http://fire.norca/scan.org/air/drop visual/htm. "Types of Aircraft Book to Aerial Fireghting"
128. http://wildfiretoday.com/2010/10/19/usfs-modifies-night-flying-requirements/BillGabbert, "USFS modifies night flying requirements", Oct.19 (2010)

저자소개

배택훈 裵澤薰

(현재)

- 공학박사(강원대 방재전문대학원, 재해방재전공)
- 산림청 정책자문위원(산림재난분과)
- 한국산불학회 부회장
- 행정안전부 재난안전/항공안전 전문강사
- 한국산불방지기술협회 교육강사
- 한국청소년활동진흥원 재난안전 전문강사
- 자격증:사업용조종사(헬기,비행기), 조종교육증명, 항공안전관리자, 무선통신사(항공)

(경력)

- 산림청 산림항공본부 운항관제실장, 교관조종사, 비행평가관
- 한서대학교, 강원대 방재전문대학원/사회과학대학원 교수
- 산림청 산림교육원 공지합동산불진화 강사
- 제6차 세계산불총회 항공시범 총괄기획통제관
- 국립산림과학원 산불현장책임연구관
- 산업인력공단(대한민국항공회) 국가직무능력표준(NCS)사업용 조종사 개발위원
- 중앙소방학교 소방공무원채용시험 출제위원
- 국민안전처 사회/인적재난안전기술 개발사업 평가위원
- 화재소방학회, 한국위기관리이론과 실천, 한국운항학회 논문심사위원

(저서 및 논문)

- 산불공중진화Ⅰ,Ⅱ(산림항공본부, 2002, 2008)
- 항공산불방재론(도서출판 화수목, 2017)
- 재난항공방재론(도서출판 화수목, 2019)
- 논문, 산불진화헬기의 효율적인 운영방안 외 다수

(산불 · 항공관련 방송인터뷰)

- 2023년 SBS 시사프로 뉴스토리 '검은봄의 기억' 등 10회

(학술관련 상)

- 우수학술연구상(강원대학교 총장, 2014)
- 우수산불현장연구책임관상(국립산림과학원장, 2015)

산불항공진화론 **정가 18,000원**

저　자 : 배택훈

발행인 : 임정대
발행처 : 도서출판 **화수목**

발행 : 2025년 1월 17일

등록 : 제2014-000166호

주소 : 서울시 마포구 신촌로 2길 5-15
전화 : 02-338-9119
팩스 : 02-335-2201

ISBN 979-11-89933-42-5 (93530)

저자와의 협의 하에 인지를 생략합니다.
파본이나 잘못된 책은 교환하여 드립니다.